茶屋
新池
首切地蔵
山ミミズ
カワムツの大物
オオルリ
おいしいキイ
マムシ
アケビ
ジムグリ
カワムツ
カゲロウ
カワゲラ
タヌキの巣
犬
キイチゴ
モグラ
池
キジ
ヤマカガシ
イノシシ
渡れる
アオダイショウ
イタチ
ホタル
カワガニ
石垣
シカの足跡
ハニワ
ヒキガエルと
ネズミ
アナグマの足跡
ザリガニ
谷川

カラス先生のはじめてのいきもの観察

松原始

太田出版

はじめに

　大学の業務でスウェーデンを訪れた時、ウプサラ大学博物館の方に招いて頂いたホームパーティで、デザートとしてベリー添えのアイスクリームが出てきた。

「これはクラウドベリーといってちょっと独特な味だから、好き嫌いがあるかも。ラップランドに行って摘んで来たのよ」

　館長のマリカさんが薄い肌色の果実を指差して説明してくれた。ラップランドというのはスカンジナビア半島の北部、トナカイを放牧しているような地域だ。スウェーデンの人々はサマーハウスと呼ぶ小さな別荘を持ち、夏休みに限らず、ちょくちょく自然の中で過ごすのが好きらしい。

「日本にもベリーはある？　摘みに行ったりするの？」

「ブルーベリーは日本の気候では一般的ではありませんが、ラズベリー（キイチゴ）はありますよ。初夏の楽しみです」

　返事をしながら、いやまあ、キイチゴのために何時間も車飛ばしてったりしないけどな、と思っていたら、それまであまり喋らずホスト役に徹していたご主人が口を開いた。

「素晴らしい。そういう経験は重要だと思うね。自然の姿を知っているからこそ、私たちは自然の変化にも気付くことができる」

この人は釣りが好きで、前菜に出て来たスモークサーモンは先日の釣果だと言っていた。10キロもある大物だったらしい。私も釣りが好きだと言ったら「そうか、君とはいろいろ話すことがあるな」と言っていたが、色々とスケールが違いすぎますってば。

だが、言いたいことはよくわかる。ええ、そういう経験なら、いっぱいありますとも。子供の時から近所の池でフナ釣ってましたよ。実家の裏の溜め池のキイチゴも狙ってましたよ。でも一番おいしいのは、おにぎり池に行く途中の藪のキイチゴでしたよ。その手前のアケビもおいしかったし、もっと奥の雑木林でマムシを踏んだ時は怖かったし、裏山を探検したし。

この思いの全てを英語にどう訳そうかと思っているうちに話題が流れて行ってしまったが、私は遠い異国の地で、生まれ育った山野を思い出していた。

私が育ったのは奈良市内、奈良公園にほど近い山裾だ。田んぼがあって、溜め池があって、森があって、山があって、谷川があった。田舎育ちの子供たちは、そこで色んな経験をしたものだ。楽しかったり怖かったり痛かったり勘違いだったり、もう、言い尽くせないくらい様々な経験を。そこから得るものは人によって違っただろうけれども、私の場合、後に動物学を学ぶ上で大変重要なコツを身につけたように思う。

例えば、枝に止まったトンボの取り方。歩いている時にシカを見つけたら。ヘビを探すには。カブトムシが飛び立ちそうな時。マムシに出会ったらどうする。

こういうことは、自然の中で遊んでいるうちに覚えた。言ってみれば、野生動物との間合いの取り方だ。その心地よい緊張感や、全身をセンサーにして周囲を探ろうとする態度は、40年を経た今もこの身にしみついているように思う。それなくしては、野外で動物を研究することなんかできなかった。

大事なことは全部、裏山が教えてくれたのだ。

目次

双眼鏡事始め

ジョウビタキ・ホオジロ・シジュウカラ・ムクドリ

博物館のオフィスでパソコンに向かっていると、液晶画面に反射した風景の中を、黒い影が動いた。

反射的に振り向くと、まさに私の背後の窓の向こうを、1羽のハシブトガラスが横切って行くところだった。そのまま飛んで、東京駅舎の上に止まる。ヒョイと手を伸ばしてデスクの上の双眼鏡を取り、窓ごしに確認する。うん、ハシブトガラスで間違いない。餌（えさ）はくわえていないようだ。止まってキョロキョロしている。ずっと丸の内にいるペアの片割れだろう。

隣の席の同僚は私の動きに気付いているはずだが、特に何も言わない。さすがに何年も一緒に仕事をしていると、迷彩服で現れようが、巨大なザックを背負っていようが、瞬時に双眼鏡が出てこようが、「松原だから」で済んでしまうのだろう。

双眼鏡はフィールド鳥類学者の標準装備だ。もし可能なら、自分の体に組みこんでしまいたいくらいだ。双眼鏡を取り出す暇も惜しい。それに、双眼鏡の使い道は鳥を見るだけではない。学会大会でスライドの文字が小さくて読めない時も、知らない街で店を探す時も、時には車の助手席で遠くの標識を読む時も、双眼鏡は役に立ってくれる。

ちなみに今、手にしていたのはニコンの小型のモデルで、バックアップ用である。

今までの人生で何台も双眼鏡を使ってきたが、最初に触れたのは、小学校に上がったかどうか、という頃だったろう。

骨董品

「これ、寛治さんのかなあ」

「ヒロハルさん、て誰や？」

「おじいちゃんのお父さんやから、あんたのひいおじいちゃん」

「へー」

「むかし、軍隊にいてはったから、その時のとちゃうか」


これが、自分が初めて使った双眼鏡だった。どういう仕様だったかいまひとつ覚えていないのだが、たぶん、望遠鏡を二本並べたような古めかしいスタイルだったはずだから、正立プリズムを使わないガリレオ式だったのだろうか。倍率は6倍くらいではなかったか。

全体に金属製でずしりと重く、塗装がすっかりはげて、くすんだ地肌がのぞき、

初めての双眼鏡

角はみなすり減っていた。ついでに作動部の潤滑油も完全に硬化していて、フォーカスを合わせようとしてもネジがひどく固く、フォーカスリングの滑り止めが指に食いこんで痛くなるほどだった。

もとはオリーブ色か何かだったらしい無骨な双眼鏡は、なるほど軍用っぽい面構えではあった。当時、双眼鏡といえば船長さんだと思っていたので、「ひいおじいちゃんの時代＝とても昔＝日露戦争＝日本海海戦！」と短絡してしまったが、考えてみたらうちの先祖に海軍はいないはずだ。もし軍関係なら、陸軍士官だった曾祖父のものだろう。もっとも、当時、士官の装備品は自弁が多かったから、あの双眼鏡も官給品ではなく、私物だったのだろう。

さて、この、バリバリにひび割れた負い革

（ストラップというより、負い革という方がしっくり来る）を備えた双眼鏡は、私の認識を一変した。

レンズを目に当てるだけで、遠くのものが近寄って見える！ ここからでは遠くてよくわからなかったものが、ちゃんとハトだとわかる！ これは驚異的だ。ただし、何バトかはわからない。灰色ならドバト、茶色っぽければキジバトだと思うのだが、画像は薄暗くて粗く、色はボンヤリで、目をこらしてもさっぱりわからないのである。心眼で見て「キジバト！」と決め、近づいてみたらドバトだった、などということもしばしばあった。もともとが現代の基準からすれば劣った性能だろうし、それが古びたせいで、レンズはカビだらけだったのだ。

だが、首から双眼鏡を下げれば気分は艦長さんだった。その時から、その辺を歩き回る時に双眼鏡を持ち歩くという楽しみが増えたのだ。


とはいえ、大きく重く無骨で、そのくせあまり見えない双眼鏡はちょっと、使い勝手が悪かった。そこでコンパクトなオペラグラスも使ったりはしたのだが、3倍程度の倍率では「ないよりマシ」でしかなかった。見え味の悪さを心眼で補って必死に見るか、足りない倍率を裸眼視力で補って見るか、である。

考えてみれば、あの頃の自分の視力はとんでもなかったと思う。かなり離れていても、枝先に止まった小鳥が余裕で見えた。150メートル先の民家の窓が開いていれば、その部屋の中に干してあるタオルが見えたくらいである。これを補うだけなら、大した性能ではない双眼鏡でもなんとかなったのだ。

だが、こういう神懸かり的な視力は子供だけのものだ。成長するとそうもいかない。そこで父親が貸してくれたのが、もっと近代的な双眼鏡だった。

ビクセンの8〜16倍ズーム、口径40ミリ。父親は勤めていた高校の天文部の顧問をしていたので、月面を観測するために持っていたらしい。月を見るくらいなら大きな天体望遠鏡でなくても大丈夫だ。16倍まで倍率を上げると、月面のクレーターもはっきりと見える。

だが、地上の目標を見るには16倍はちょっと無理があった。そこまで倍率を上げると手ぶれがひどいし、視野は真っ暗になり、画質も悪化する。実用に耐えるのはせいぜい12倍までで、あとは目を凝らして見るほうが、ちゃんと見えた。一般にバードウォッチングに使うのは8倍から10倍程度である。

何にしてもこの双眼鏡は驚異的だった。まず、色がちゃんと見える。曾祖父の双眼鏡を通すと半分モノクロに見えていた世界が鮮やかなフルカラーになった。さらに、画像に立体感がある。おそらく、それまで使っていた双眼鏡は光軸もずれていたのだろう。いってみれば、「まともな」双眼鏡を使ったのはこれが最初だった。

結局この双眼鏡は私専用になり、長らく私の目になってくれた。屋久島のサルも、下鴨神社のカラスも、家のすぐそばの電柱に止まったフクロウも、この双眼鏡で見た。欠点は重さが900グラム以上もあり、歩くだけでも胸にぶつかってくるし、走ろうものなら一歩ごとに激突して痛いことだった。一度、斜面を滑り落ちたら跳ね上がった双眼鏡に顔を叩きつけ、アザができたこともある。

どこかわからない問題

学生に双眼鏡をホイと渡して、「ほら、あそこに鳥がいる」と言ったとしよう。すぐに「わー、ほんとだー!」などと歓声をあげるのは、半数以下である。大概は、双眼鏡の視野に目標を入れられない。

これは当然と言えば当然で、8倍に拡大された視野はうんと狭くなっているのである。しかも、手に持った双眼鏡が向いている先が、肉眼とピッタリ合っているとは限らない。そうすると、狭い視野の中には見たいものが入っておらず、かつ、一体どこを見ているのかわからない、という問題が発生する。肉眼で見ている時は「あの木の右上の枝の、ちょっと隙間があって葉っぱが固まっているあそこ」とわかっていても、拡大してみると全然違って見えるからである。

　こういう場合のやり方の一つは、鳥に至る道筋を覚える、という方法だ。例えばさっきの「あの木の右上の枝の、ちょっと隙間があって葉っぱが固まっているあそこ」なら、まず、「あの木」の幹を視野に入れる。その幹を辿（たど）っていって、「右上の枝」が幹から出ているところまで動かす。さらにその枝を辿って行けば、鳥が止まっているはずである。鳥の専門家でも、背景が紛らわしくてうまく視野に入らない時は、この手を使う。

　だが、動きの速い鳥に対してこんなことをしていると、鳥にたどり着く前に移動されてしまう。特に森の中で頭上の枝にカラ類が来ている時なんかが最悪だ。重なり合った枝に対して「ここからこう伸びて、こっちに枝分かれして」なんてやってられないし、カラ類は口々に「ツピー」「ツツピー」などと鳴きながら、どんどん移動してしまうからである。こういう場合は、やはり、狙った一点を一発で視野に入れる練習が必要になる。

　私がやったのは、「あの電柱のてっぺん」「向こうの家のあの窓」などと目標を決

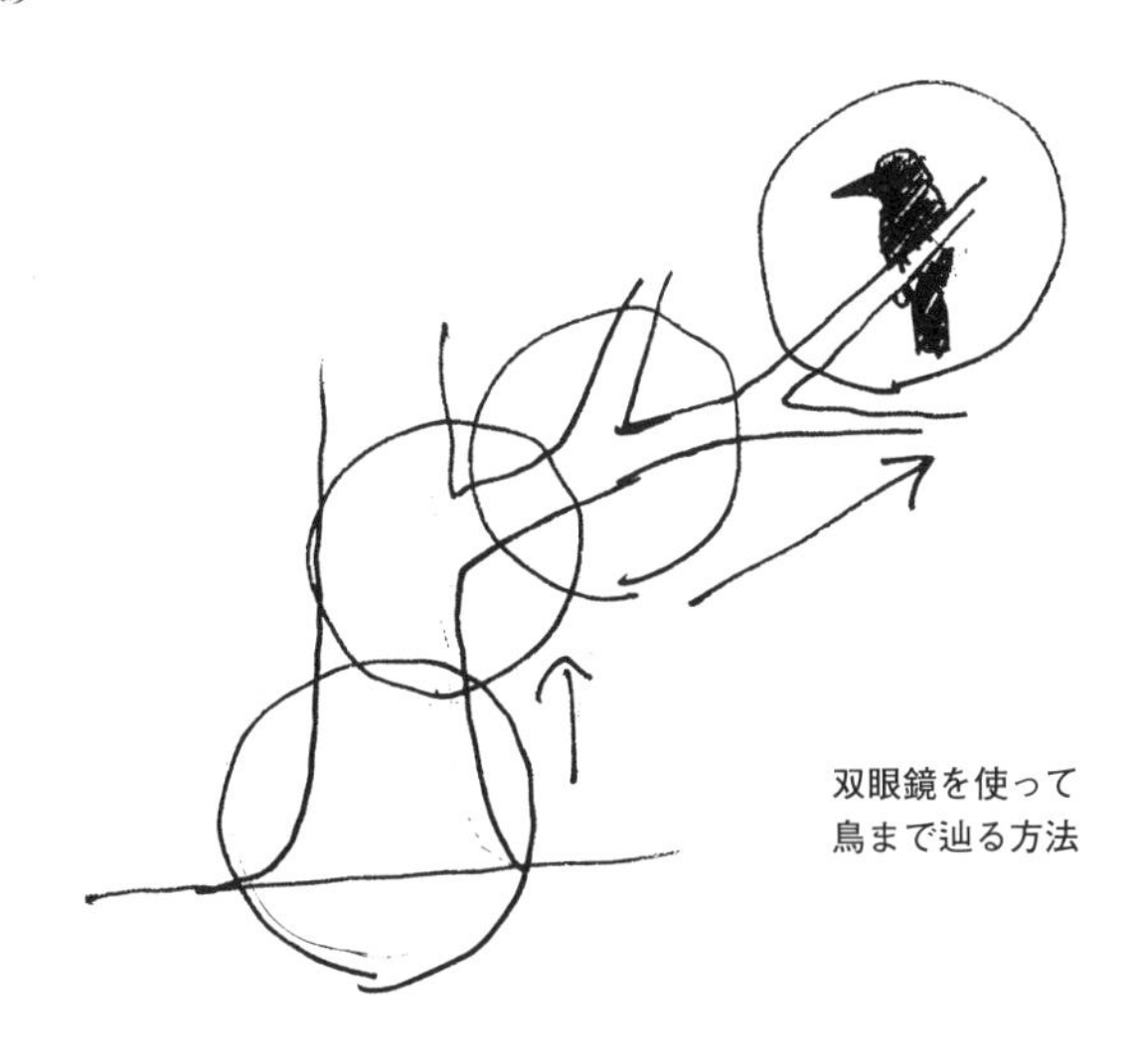

双眼鏡を使って
鳥まで辿る方法

めておき、「せーの」で双眼鏡をサッと目に当て、一発で目標を捕らえる、という練習だった。言ってみれば、双眼鏡を使った抜き撃ちである。

これをやる時は、目標に目を向けたら視線も頭も動かさず、双眼鏡だけを自分の目の前に持って来るのがコツだ。顔の方から双眼鏡を迎えに行ってはいけない。目標を視野の真ん中に捉えたまま、そこにピタリと双眼鏡が入りこめば、視野の真ん中にちゃんと目標がいる、はずである。

実際には手に持った双眼鏡の角度が微妙にずれるので、構えてからさらに修正しないといけないが、何度もやっていれば体の方がコツを覚えてくれる。これを極めると、飛行中の鳥を見つけて双眼鏡を持ち上げながらピタリと視野に入れる……なんてこともできるようになる（相手の動きを予測して、視線と双眼鏡を止めずに動かし続ける、という練習がいるが)。

実習で学生に練習させた時は、「ハイ、じゃあ、講堂の屋根のてっぺん!」などと指差したが、もっとゲーム的にやる方法もあるだろう。例えば、アシスタントが何人かいてくれるなら、公園のあちこちに立っているアシスタントがランダムに札を掲げ、書かれている文字を読む、なんて方法でもいいと思う。どこかで聞いた話だが、10メートルくらい離れた所でコインをさっと出して金額を当ててもらう、というのも盛り上がるらしい。

実際のところ、鳥屋は鳥を見つけても、それが完全に見えているとは限らない。「あそこで何か動いた。また動いた。よく見えないが鳥の動きだ」と判断すると、その一点から目を離さず、とにかく双眼鏡を向けているのである。それから、双眼鏡の視野の中にいるはずの鳥を探していることも珍しくない。ただ、この時も最初に「あの辺にいる」と当たりをつけるのは肉眼だ。双眼鏡だと視野が狭すぎて、周囲全体を探すには向かないからである。

ところで、今までに経験した一番変わったトラブルはこんなものだった。

「先生、双眼鏡が真っ暗で見えません!」

「レンズキャップを外せ」

学習図鑑

子供の頃、双眼鏡と並んで鳥を教えてくれたのは、古い鳥類図鑑だった。写真ではなく、背景を入れたカラーイラストで、雄雌（おすめす）がペアで描いてあったりした。絵のタッチがちょっと寂しげで、秋を題材にした絵本のようだと思ったのを覚えている。今になって理解したが、あの絵は西洋の博物画の流れを汲（く）む、きわめて正統なものだ。雄雌を一緒に描いてあるのは色や模様の違いを示すため、背景が描いてあるのは生息環境や生態がわかるようにだ。オーデュボンの描いた博物画など、まさにそういう描き方である。

何度も何度も読んだが、鳥を覚えるのはなかなか難しかった。それに、野外で見る時に昆虫とは全く違う困難がある。昆虫なら捕まえて手に取ってじっくり見られるが、鳥は捕まらない。遠くから見ると、絵に描いてあるようには見えない。といって、窓辺に来る鳥をカーテンの隙間からこっそり見たりすると、今度は近すぎて印象が違う。羽毛1枚まで見分けられる距離で見ると、ヒヨドリなんて全然違って見えるのである。近くで眺めると、「こんなに顔が茶色かったっけ？」と思ってしまうし、胴体も鱗（うろこ）状の模様に見える。

この時に案外役に立ったのが、図鑑の見返しに描いてあった「いろいろな鳥のシルエット」だった。双眼鏡がボロくて色がちゃんと見えなくても、シルエットなら見える。しかもこのシルエットが絵合わせで名前を答えるゲームみたいで、つい試してみたくなるのだった。私が鳥の種類を覚え始めたのは、ここからである。

最初は「これはどう見てもカラス」「これはスズメ」などと覚えていったのだが、スズメとカワラヒワとホオジロの区別がつかない。よーく見たら、カワラヒワのシルエットには、風切羽(かざきりばね)の途中に白抜きした斑点が描いてあった。そうか、これがあるのがカワラヒワだ。ホオジロは？　ああ、これは顔に模様がある。しかも上を向いて口を開けている絵だから、きっと鳴いているところだ。こっちの、地面に立っている

カワラヒワ（左）とヒバリ（右）のシルエット

のは？　そうだ、頭にチョコンと冠羽が立っているから、きっとヒバリだ。同じように地面に立っているけど、「ふんっ」と胸を張った感じなのは、ツグミ。もっとずんぐりして頬が白くて足が赤く描いてあるのが、ムクドリ。

ま、これを覚えたところで、野外ですぐ見分けられるというものではない。なんとかわかったのはスズメとハトとカラスだった。もっとも、庭先にさえ、スズメに似ているがスズメではない鳥がぞろぞろ出て来て、さんざん混乱させられた。しばらく悩んだ後、庭にいるスズメっぽい小鳥はスズメ、アオジ、カシラダカの3種と判明した。スズメは雌雄同色だが、アオジとカシラダカは雌雄で模様が違うので、合計5パターンである。

その後、セキレイやカラワヒワも追加された。セキレイは尾が長くてスマートで、隣家の屋根に止まっているのをよく見かけた。カワラヒワはシルエットと違い、緑っぽくて、カナリアみたいな鳥だったが、翼にある黄色い模様は、まさに図鑑で覚えた通りだった。

カラスにはハシブトガラスとハシボソガラスがいると書いてあったが、最初はどっちがどっちだかわからなかった。よく見るとおでこの出っ張り方が違ったが、見ているうちに区別できない場合がでてきた。これは当然のことで、カラスの「おでこ」は羽毛しかないので、羽を寝かせてしまえばペタンと平たくなるのである。

最初は図鑑を見てもなんだかわからない。次に、実際に見ているうちに、図鑑に書いてあった通りだと気付く。さらに見ていると、図鑑とは違う姿も見るようになる。何かを覚えようとすると、こんな風に、わかったりわからなくなったりしながら進んで行くものらしい。

もちろん、自分の見たものがなんだか図鑑と違うからといって、図鑑が間違っていることは滅多にない。図鑑というのは最大公約数的な書き方をするので、「ああ、もちろんそういうこともありますが、そこまで書いていると文字数がいくらあっても足りないのでねえ」という場合がほとんどである（ごくごく稀に、本当の大発見があるけれど）。とはいえ、「ひょっとしたら自分は大発見をしたのではないか？」というドキドキ感は大事だ。そういうモチベーションがないと野外の探検なんてできないからである。……まあ、多分に中二病的であるにしても。

図鑑にはワタリガラス、ミヤマガラスというのも載っていた。ワタリガラスは背中を曲げた妙な姿に描いてあり、「カポンカポンと鳴く」となっていた。飛んでいる時は、尾がくさび形に見えるという。そんなものは見た事も聞いた事もない。なんか雪をかぶった岩場に止まっているし、どうも縁がなさそうだ。

ミヤマガラスの方は紫がかった美しい光沢があるような絵で、九州や四国に来る冬鳥とあった。いやいや、四国から近畿地方なら遠くはないではないか。ひょっとしたらこんなカラスもいるかもしれない、と思っていつも期待して見ていたが、双眼鏡の視野に入るカラスは、ハシブトかハシボソだけだった。田んぼに何羽かカラスがいると「ミヤマガラスか?」と意気込んで双眼鏡を向けるが、それはやっぱり、ただのハシボソガラスなのだった。

カラスは面白い鳥だし、シートン動物記の『銀の星』を読む限りずいぶん賢い鳥でもあるようなので、その辺にいれば一応、視野には入れた。だが、カラスを執拗(しつよう)に見続けているほどの興味は、別になかった。カラスの楽しさを本当に知るのは、もっとずっと後のことである。

紋付を着たあいつ

そうやって鳥の名前をちゃんと覚えようとしていた小学生の頃、庭先にきれいな小鳥が現れた。大きさはスズメほど。頭がシルバーグレイ、顔と翼が黒くて、翼には白い紋がある。胸から腹は鮮やかなオレンジ色。畳んだ翼に隠れた腰もオレンジ色だ。尻尾を振って、「ヒッ・ヒッ・ヒッ」とか「チャッ・チャッ・チャッ」と鳴く。この特徴的な色合いの鳥は、図鑑で見た記憶があった。もう一度ページを開いて確かめる……これだ。ジョウビタキだ。

ジョウビタキはロシアや中国からやって来る冬鳥だ。公園や庭先にもよくいる。雄は目立つ上に、見間違いようのない色合いなので、初心者でも見分けやすく、かつ、覚えるとなんだか嬉しい鳥である。雌は地味だが、オレンジがかった腹と、翼の白い「紋付」に注意すれば見分けられる。しかも、あまり物怖じしない鳥なので、そっと近づけばかなり寄ることもできる。鳥を怖がらせずに観察する練習にもちょうどいい。

ちょうどこの頃、やはり父親に古いカメラをもらったので、庭に来たところを狙って撮影もしてみた。映っていたのは、なんてことのない庭の景色だった。鳥がどこにいるのか、目を凝らしても全くわからなかった。標準レンズで普通に撮影すれば、そりゃあそうなる。肉眼では鳥が見えていても、写真にすると「点」にすぎない。

そこで、次にジョウビタキが来た時に、カメラを持って近づいてみた。当たり前

覚えるとなんだか嬉しい鳥、
ジョウビタキ

だが、ファインダーの中にジョウビタキを見つけるよりも早く、鳥は飛び立ってしまった。何度近づいても逃げた。しまいには嫌がってどこかへ飛んで行ってしまった。レンズを向けて、鳥が逃げても逃げてもまっすぐ近寄って行けば、当然そうなる。

鳥は自分の方を注視しているもの、自分の動きに反応するもの、自分を追尾してくるものに敏感だ。そういう相手はほぼ間違いなく、自分を狙っている敵だからである。最近はいきなり写真から入るせいか、「鳥は逃げるものだ」ということを考えずにズカズカ近づく人もいるらしいが、そういう、鳥が怖がるようなことをしてはいけない（いやまあ、最近に限らず昔からいたのだが、最近はデジタルカメラが発達したのとネット上でいくらでも写真のアップロードができるせいか、妙に目立つのである）。被写体には相応の敬意を払うべきだ。そして、そのためには、鳥に関する最低限の知識と、なにより、鳥が緊張している、警戒している、といった「距離感」を掴む必要がある。

　とにかく、この辺の経験から「突っ立ったまま近づくな」「ガン見したまま近づくな」「やたらに動くな」といった教訓を得た。そうか、これは釣りと同じだ。あるいは、シートン動物記で読んだ猟師の技みたいなものなのだ。考えてみれば当たり前だ。ネコだって地面にペッタリ伏せて小鳥に忍び寄っているじゃないか。立ち上がって自分を大きく見せるなんて、相手を威圧しようとする時だけだ。

　そこで、次は庭に腹這いになり、匍匐前進しながら、にじり寄ってみた。ジョウビタキが尾を振るのをやめると、こっちもピタリと止まる。警戒を解いた様子で「ヒッ、ヒッ、ヒッ」と鳴き出したら、またそろそろと動く。こちらを振り向いたらまた止まり、視線をそらす。ジョウビタキはそわそわと向きを変えたりして、なんだか不安そうだ。この辺が限界か。

　たぶん、4メートルくらいまで寄れたと思う。今までにない大きさでファインダー内に見えるジョウビタキを真ん中に捉え、シャッターを切った。現像を待ちかねた写真には、米粒ほどの大きさで、どうやらジョウビタキとわかるものが映っていた。どれほど苦労しても標準レンズでは鳥なんかまず撮れない、ということを学んだ日だった。

類の白いあいつ

高校の時、生物部の活動で冬鳥をカウントしようと思い、適当な場所を探してみた。奈良には溜(た)め池がたくさんあるので、高校に近いところをフィールドにしてしまえば、週イチで通ってカウント調査ができる。

生物部の後輩にH君というのがいて、彼は昆虫、特にチョウが好きだったが、昆虫採集のオフシーズンには一緒に鳥を見に来た。だが、野鳥をいきなり識別するのは、やはり難しかったようだ。彼のように昆虫の同定に馴れている人だと、むしろ鳥の「捕まえずに識別する」という点に面食らったかもしれない。

放課後、鳥を探して二人で歩いていたら、H君が双眼鏡を持ち上げて、嬉しそうに声を上げた。

「あれ、ホオジロですよね!」

「え? どこ?」

「ほら、あの低い木の上に」

「うーん……あれはシジュウカラやな」

「だって頬っぺた白いやないですか！」

「うん、白いけど、あれはシジュウカラやな」

いや、彼の言う通りなのだ。シジュウカラ。ホオジロはもっと茶色い」

が……ホオジロではない。私も昔、図鑑で覚えた時に「こんなのひどい」と思った。

しばらく歩いて、国道沿いの枯れた芝生で、H君は再び叫んだ。

「松原さん、今度こそ、あれホオジロですよね！」

「ん？　あの地面にいるやつか？」

「はい！　あの、茶色っぽくてクチバシと足がオレンジ色してるやつ」

「ごめん、あれはムクドリ」

「ええっ？　ムクドリってあんなんですか？」

「うん、あれは若いからちょっと茶色っぽいけど、ムクドリ」

「えええー！　あれも頬っぺた白いやないですかあ！」

「白いけど、ムクドリ」

その通りなのだ。ムクドリも、頬が白い。シジュウカラのようなくっきりした白

上からシジュウカラ、
ムクドリ、ホオジロ。
いずれも頬が白い……？

ではなく、ハケで一塗りしたような感じだけれども、とにかく頬は白い。

さらに歩いて、古墳の濠の近くの灌木のあたりに、素早く動く茶色い小鳥が見えた。双眼鏡を目に当てる。間違いない。

「H君、あれがホオジロ」

「え？　どこです？」

「あそこ、灌木の手前の地面」

「え……？　あの、スズメみたいな？」

「そうそう、色合いはスズメに似てる」

「ぜんっぜん頬っぺた白くないやないですか！」

「そうやなー、まあ顔に隈取りみたいな模様はあるから、白いっちゃ白いけどな（笑）。あれを頬と呼ぶかどうか」

「もう1羽いるのは、スズメですか？」

「ううん、あれホオジロの雌」

「頬っぺたどころかどこにも白いとこないですよ！」

「うん、雌はあんな色」

「だまされた！　あんなん反則や！」

Ｈ君、僕もそう思うよ。あれはどう考えても「頬白」じゃなく、「顔白黒」だ。雄と雌で色が違うのは、昆虫にもよくあるから許してくれ。ま、中にはオスクロハエトリなんていう、名前の通りオスだけが真っ黒な、正直なクモもいるけど。こういうのは、覚えなきゃ仕方ないんだよ。

そして、今も双眼鏡

２０１６年、初夏。林道脇の藪でホオジロが鳴いている。多分、営巣しているのだろう。それはともかく、今探すべきはカラスだ。頭から被ったカモフラージュネットの陰で、ラバーコーティングされた双眼鏡を握りしめる。最初に持った戦前の双眼鏡から数えて、メイン機としては4代目だ。今、私の首に下がっているのはコーワの防水モデルだ。その前に使っていたニコンは軽くて明るくていいモデルだったが、使い方が荒くてボロボロになってしまった。埃や泥が跳ねたレンズを適当にシャツの裾で拭く、雨の中で使い倒す、浸水したので対物レンズユニットを外してシリカゲルと一緒にビニール袋に密封して無理矢理乾かす……なんてことを続けていれば、そりゃ傷む。

双眼鏡を逆さにして振り、ついでにフッと吹いて、接眼レンズ周辺についているかもしれないゴミを落とした。さっき藪の中を歩いたので、細かな木屑なんかがついている可能性が高い。そのまま覗いて上を見ると、ゴミが目に入ってえらいことになる。

来た。背後にカラスの声がする。まだだ、まだ動けない。

前方で「ゲッゲッゲッゲッ」という声が上がった。大きく育ったハシブトガラスのヒナが、巣の中で餌をねだっている。親が近くに来ているのに気付いたのだ。

ハシブトガラスがスッと飛び、巣の方に向かった。今だ！

目でカラスを追いながらスパッと双眼鏡を持ち上げ、視野に入れる。カラスはスーッと空き地を横切り、木立を回りこんでから再び姿を現し、スッと降下して、再び上昇、あのスギの木の、葉っぱの茂った中へ。

「ガ、アワワワ！」

ヒナの声が変わった。あそこだ！　あそこが巣だ。巣そのものは見えないが、あの木立の右側の一角、だな。あそこにツタが絡んで、根元にあの茂みがあって……

これで巣の位置が10メートル四方まで絞れた。

「よっしゃ、森下さん、わかりました！」

私は反対側を見張っていてくれた共同研究者に声をかけると、ネットをはねのけて立ち上がる。双眼鏡が揺れ、トンと胸に当たった。

実録サスペンス

野外観察中にとる間食は手軽で高カロリーのものが適しています。

振り返れば奴がいる

テン・イタチ・タヌキ・シカ・イノシシ

2013年4月。埼玉県のダム湖畔で、カラスを探していた時のこと。山の中のカラスはとても静かだ。こちらから刺激してやらないと姿を見せないし、鳴きもしない。だから、音声を流して反応させる。共同研究者の森下さんがスピーカーとiPodを取り出し、「鳴きまーす」とこちらに合図してから、音声を流す。「カア、カア、カア、カア」といつもの鳴き声が始まった。

音声を流し終わると、5分間、カラスの反応を待つ。カラスの反応は様々で、打てば響くようにプレイバックの最中にすっ飛んで来ることもあれば、数分様子を見てから来ることもある。

双眼鏡を胸元に構えたまま、周囲を見回しつつ、耳を澄ます。視野の左隅で何かが動いた。だがカラスではない。地上だ。道路の先、ガードレールの下。

反射的に目をやると、白くて黄色い動物が見えた。猫くらいの大きさだが、もっと短足で背が低い。顔は白くて、耳が短い。黄色い毛がふさふさしている。特に慌てる様子もなく、トコトコと歩いて来る。

双眼鏡を向ける。カラスを待っているとはいえ、こういうものに出会ってしまったら、そりゃ気になる。

やっぱり、テンだ。それもいわゆるキテン、鮮やかな黄色の冬毛を残したままの

カラス探索中に出会ったテン

きれいな個体だ。関西で見たのは、スステンと呼ばれる、冬も暗褐色（あんかっしょく）のタイプばかりだった。

テンはこちらをチラッと見たが、特に恐れる様子もなく、ほんの10メートルほど先まで近づいて来ると、そこから道をそれて、のんびりと林の中に姿を消した。

哺乳類、いわゆる「けもの」に出会う時は、だいたいこんなものだ。探しても見つかりはしないが、向こうから姿を現せば、意外なところで意外なものに出会う。

一瞬の出会い

実家は奈良公園の近くだったので、シカはたくさんいたが、完全に野生のケモノに出会ったのは、多分イタチが最初だ。

あれはずいぶん小さい頃、家の前の坂道で自転車に乗る練習をしていた時だった。10メートルほどうまく走ったが、そこでハンドルを取られ、よろけて倒れた。その途端、道路の上を、低くて小さくて細長くて茶色いものが、シュッと飛びすぎた。いや、2、3度飛び跳ねるような動きをしたから、あれは「走った」のだ。辛うじて目に止まったのは、丸っこい頭と、黒い顔だった。

それが目に止まったのは、相手が一瞬、草むらに飛びこみかけて動きを止め、こちらを振り返ったからである。黄褐色（おうかっしょく）の長い尻尾と長い胴体の向こうで、黒い顔がこちらを向き、まじまじと自分を見た。それから、ピョンと草むらに飛びこんで行った。

これが、初めてイタチを見た記憶だ。

こちらを振り返った
イタチ

そのうち、イタチは庭先にも堂々と出て来るようになった。ある時、生け垣の根元をスルスルと滑るように動くものが見えた。ヘビのような、「足取り」というものを感じさせない滑らかな動きだ。しかも、並んだサザンカの根元を右に左に避けながら動くので、余計にヘビっぽい。

だが、それはイタチだった。長い体を利用して、生け垣を縫うように、くぐり抜けているのだ。

次の瞬間、イタチはピタリと動きを止めた。そしてこちらを振り向いて、私の顔をじっと見た。

それからまたスルスルスル……と生け垣を遠ざかって行った。と思うと、数メートル先でまたこちらを振り返った。そして、今回はスッと姿を消した。

どういうわけかわからないが、イタチは必ずこちらを確認しながら逃げるのである。

イタチといえばデカくて凶悪で目つきが悪くて慇懃（いんぎん）無礼で、真っ白いくせに腹黒い……というイメージは、アニメ『ガンバの冒険』が植えつけたものだったろう。このアニメに登場する白イタチのノロイはもう、子供心にはトラウマものの恐ろしさだった。ちなみに原作小説『冒険者たち』のノロイは、薮内正幸の絵のおかげでアニメほど怖くはないが、慇懃かつ陰険で凶悪なことに変わりはない。

ちょっと脱線するが、原作の副題は『ガンバと15ひきの仲間』で、ネズミたちは総勢16匹である。個人的に薮内正幸の大傑作だと思うのは、この16匹を描いた一連の挿画だ。リアルな動物画なのに全てのネズミが描き分けられていて、本文をよく読んで特徴を付き合わせれば誰かわかるようになっている。例えば、立派なヒゲをひねっているのはガクシャ、その横の図体のでかい隻眼はヨイショ、よく見ると耳にサイコロを入れている小柄なのがイカサマ、高く飛び上がっているのがジャンプでちょっと色白なのがイダテンだ。識別不能なのは肩を組んで歌っているバスとテノールの2匹で、こればかりは声を聞かない限り、どっちがどっちかわからない。

さて、実際に見たイタチは、そんなに怖い動物には思えなかった。むしろ可愛らしかった。

何よりも驚いたのは、イタチが本当に小さいことである。「けもの」というとイヌかネコくらいの大きさを想像するが、イタチはもっと小さい。胴も尾も長いので長さだけで言えば小柄なネコくらいはあるが、細身で足も短いから、体のボリュームとしてはほぼ、「物差し」である。実際、ニホンイタチの雌ならば、尾を含めても30センチそこそこということもある。

私が見たのはニホンイタチだったか、移入種であるチョウセンイタチだったかわからない。やや大きめで黄色っぽかった気もするので、チョウセンイタチであったかもしれない（チョウセンイタチの方がやや淡色の傾向があるように思うが、確実な識別はできない）。ただ、私の家のあたりは山裾だったので、ニホンイタチを見かけていた可能性もある。山地に入るとニホンイタチが生き残っているからだ。確かにもう少し黒っぽく、毛並みが粗く感じられる小柄なイタチも見かけた記憶があるので、両方いたのだろう。

イタチは丸くてかわいい顔をしているが、肉食性の捕食動物である。果実を食べることもあるが、基本的には小動物を食べている。昆虫、魚、カエル、ネズミ、鳥、なんでも捕まえる。イタチは細長い体を利用して狭い隙間や藪の中、穴の中にも入りこめるし、ちょっとした木なら登ることもできる。しかも泳ぎが得意で、水に潜ることもある。小動物にしてみれば、どう逃げようが隠れようが、どこまでも執拗に追って来る悪魔のような相手だろう。庭先でも、その捕食者っぷりは遺憾なく発揮された。

実家の庭には小さな池があったのだが、夜中、カサカサと草の揺れる音に続いて「パシャン」と軽い水音が聞こえることがあった。しばらく小さな水音が聞こえたと思うと、「キュウ！」という甲高い声が聞こえ、何かが池から上がって来た。おやイタチだ、と思って窓から覗(のぞ)くと、イタチはヒョイとこちらを振り向いてから、闇の中に消えた。

口いっぱいに大きなトノサマガエルをがっぷりとくわえて。

あるいは、夏の夜から明け方にかけて、木の根元や草の葉を見上げながら素早く歩き回っていることもあった。これは羽化しようとしているセミの幼虫や、羽化直後のセミを探していたらしい。時折、パリパリと何かを噛(か)んでいる音や、「ジジジッ！」というセミの声が聞こえることがあった。もっともこれはイタチとは限らず、タヌキやネコもよくやる。

また、実家の天井裏にネズミが入りこんだことがあった。屋根裏からトトトトト……と軽い足音がする。これは間違いなくネズミである。おやまた来た、と思っているとと、トン！　と飛び跳ねる音が聞こえた。何かに驚いたのだ。

一瞬、ガサガサという音がした。何かがくねるように動いたのか？　ヘビか？　と思ったら、ネズミよりもう少し重い何かが、トン、トン、トンと足音を立てて屋根裏を動いた。ネズミのようにチョコマカ走った足音ではない。歩数はもっと少ないが、移動は速い。つまり、一歩の歩幅が大きいのだ。もしや、イタチが飛び跳ねながらネズミを追っているのか？

そう思った瞬間、屋根裏で「キイッ！」と悲鳴が上がった。

……やられましたね。

夜の来訪者

イタチだけでなく、タヌキも振り返りながら逃げる。危険かもしれない相手をチラ、チラと確認しながら歩くのは、彼らの生存にとって重要なのだろう。確かに、我々だってヤバそうな奴に夜道で出会ったらチラ見して確認しながら歩く。

高校の頃だったか浪人中だったたか、実家の居間でテレビを見ていたら、何かが掃き出し窓の前を通りかかった。ん？　猫か？　ヤマト君にしては大きかったようだが(ヤマト君というのは、向かいの家にいた黒猫である)。

顔を向けると、そこにタヌキがいた。距離はわずかに2メートル。いや待て、本当にタヌキか? 犬ということは? いや、やはりタヌキだ。特徴的な顔の模様、ふさふさした毛並み、太くて垂れた尾。黒い足先。どこからどう見ても、タヌキ。それが、窓の真ん前でこっちを見ている。

初めて目の当たりにするタヌキに目をパチクリさせてしまったが、向こうも同じく、まじまじとこちらを見た。それから、ちょっと足早にトトトッと窓の前を通り過ぎ、もう一度こちらを振り返ると、暗がりに消えて行った。


どうやらこの頃から実家のあたりにタヌキが住み着いたらしく、以後、ちょくちょく見かけるようになった。何度目かに見かけた時は、もうだいぶ馴(な)れた様子でトコトコと窓の前を通っていった。ところが、途中で立ち止まるとヒョイと振り返る。1、2歩進みかけて、また振り返る。それも、こっちを見ているのではない。後ろが気になるのだ。そっと位置をずらしてタヌキが見ている方を確かめると、玄関前にもう1頭のタヌキがいて、もじもじしているのが見えた。おやおや、どっちが雄か雌か知らないが、連れ合いと一緒に来たのか。もう1頭は人間に馴れていな

実家に住み着いたタヌキ

いらしく、窓の前を通るふんぎりがつかないらしい。それを気にして振り返っていたのだ。

邪魔しないようにそっと窓から離れて見ていると、もう1頭もトトトッと庭を通り抜けて行った。

タヌキというと絵本に出て来る丸々した姿が思い浮かぶだろうが、あれは半分正しく、半分正しくない。冬毛のタヌキはフサフサと毛が生えて丸っこく、絵本のタヌキそっくりだ。だが、夏毛はスッキリしたショートカットで、ひどく痩せた外見になる。だから、夏になると小型犬みたいに見えることもある。

だが、タヌキの足取りは独特だ。後ろから見ているとよくわかるが、妙にフラフラと体が左右に揺れる。まるで酔っぱらいの千鳥足である。

大学の頃、夜中に帰宅すると、バス停から家まで誰にも会わないことが多かったが、タヌキにはよく会った。夜道を歩いているのは犬や猫のこともあるが、妙にノコノコ、フラフラとした動きなら、それはタヌキである。チラ、チラ、とこちらを振り返って、後ろにいるニンゲンが襲って来ないのを確かめながら歩いて行く。

タヌキは比較的小さな緑地でも繁殖できるので、都市化しても生き残りやすい動物だ。イヌ科としては雑食性が強く、果実類もよく食べる。それ以外の餌（えさ）も、昆虫やミミズのような小動物でも事足りるし、残飯も漁る。排水溝や線路を駆使して都市部の緑地や公園や社寺を一巡りすれば、それなりに生活が完結するのである。実際、私も池袋の街なかでタヌキを見かけたことがある。

深夜になると、終電が過ぎて静かになった線路がタヌキの通り道になる事もあるらしい。考えてみれば線路というのは人間が立ち入らないし、両側に身を隠せそうな草むらがあったりするし、ところどころフェンスが破れていて出入りできるだろうし、踏切からも直接道路に出られるし、なかなか面白い空間と言える。

一方、人間に近づきすぎることによる被害もある。豊富な餌に惹（ひ）かれてタヌキが集まって来た場合、自然状態ではあり得ないほどの高密度になることもあり、タヌキ同士の接触によって疥癬（かいせん）などの病気が蔓延（まんえん）する場合もあるのだ。時にはイヌから病気をうつされることもある。飼い犬ならば予防接種を受けているし、仮に病気になっても手当してもらえるが、野生動物はそうはいかない。結果、疥癬が悪化して毛が抜け落ち、もはや種類もわからない哀れな姿で死んで行くタヌキもいる。野生動物が病気にかかるのは避けられないことだが、人間が「かわいいから餌をあげましょう」などと呼び集めたのが原因であるとしたら、何ともやりきれない気分になる。

雪の朝の出会い

私の実家は奈良市の奈良公園近くにある。奈良というとシカのイメージがあると思うが、シカがうじゃうじゃいるのは奈良公園周辺、ほんの2キロ四方程度だけである。よって、シカに馴れているのも、その付近の住民に限られる。

とはいえ、奈良市内の小学生はたいがい奈良公園に遠足に行くし、写生大会も奈良公園だから、クラスに1人や2人はシカに蹴られたとか弁当を食われたとかいう奴がいた。写生大会で9割がた絵を完成させたら、肩越しにニューーッと首を伸ばして来たシカに画用紙を食われそうになった級友もいた。ちなみに彼は絵を守ろうとして池に落ち、絵を食われはしなかったが、本人もろとも水浸しになってしまった。

ちなみに、奈良公園周辺に住んでいる子供は、小さい時に1度くらいはシカに乗ろうとしたことがある。運のいい子は振り落とされ、運の悪い子は振り落とされてから蹴飛ばされる。私は振り落とされるだけで済んだ。

奈良公園のシカは人間を見るとお辞儀しながら寄って来ると言われているが、あれは観光客を待っている一部のシカの話である。奈良公園の中でも、森の中にいるシカはそんなに馴れ馴れしくないし、近づこうとすると逃げる。そして、春日奥山にいるシカは完全に野生だ。人間を見つけるとピタリと足を止め、「ピッ！」と警戒音を上げて一目散に逃げる。

中学何年だったたか、ある冬の朝のことだ。珍しく雪が積もって、私は早めに家を出て学校に向かっていた。真っ白に雪化粧した道は、まるっきり見たことのない姿だ。また粉雪が舞い始め、視界が悪くなっている。注意して歩かないと滑りそうだ。

三つ角に来た。ここで右に曲がってバス停に向かう。だが、曲がり角の向こうから、雪を踏む足音が聞こえて来た。慎重な足取りの「サク、サク、サク」という音だ。カーブミラーに目をやったが、今朝の冷えこみでびっしりと霜がつき、何も見えない。出会い頭の遭遇は危険だ。なにぶん雪に不慣れな地域でもあり、咄嗟(とっさ)に避けようとするとコケる恐れがある。私は曲がり角の少し手前で立ち止まり、相手が見えるのを待った。

風に舞う粉雪の中、足音は曲がり角のすぐ向こうまで来た。まず、いやに低い位置に、相手の白い吐息が流れて来たのが見えた。そして、その吐息の上から、ヌッと何か尖ったものが突き出した。それは枯れ木のような、ザラザラして枝分かれした何かだった。サク、サクと足を進めるごとにそれは姿を現して来た。50センチ以上ありそうな四尖の立派な角、どっしりした頭、湿った黒い鼻、口先から漏れる白い息、暗褐色の目、灰色がかったタテガミ状の粗い毛が生えた首……

それは、見た事もないほど巨大な、年取った雄シカだった。

シカは足を止め、目やにのたまった目でこちらを見た。それから、ゆっくりとこちらに向き直った。粉雪に閉ざされた誰も通らない世界で、私はシカと向き合った。シカは一瞬、「ブフッ」と鼻を鳴らして、白い息を吐いた。

どっしりした体。長く粗い冬毛。いつ、何があったのか、古傷で先端の欠けた片耳（右か左かは残念ながら覚えていない）。

私は反射的に一歩下がり、道の脇に寄った。これはもう、貫禄（かんろく）負けである。野生状態で長らく生き抜いて来たシカに、たかが中学生ごときがかなうわけもない。

これが「どうぞお通り下さい」というボディランゲージになったのだろう。シカはチラリとこちらを見ると、またサク、サクと歩き出し、悠揚迫らず、私の前を通り過ぎて、雪の帳の向こうに消えて行った。

私はシカを見送ってから、思わず、「ふう」と息をついた。

藪の中

その後、あれは高校生の頃だったろうか。

実家のすぐ裏の谷川で、ホタルが大発生したという噂を聞いた。3年ほど前の護岸工事のせいで大ダメージを受けたのだが、前年くらいから細々と復活していた。それが、今年は見た事もないほどホタルがいるという。

見に行ってみると、確かに、恐ろしいほどのホタルだった。谷川を覗きこむ農道の縁に立つと、視野いっぱいに、ホタルが明滅しながら乱舞している。これはすごい。

そう思って見ていたら、対岸の川べりでガサガサと音がした。おや、他にも誰か見物に……

待て。あそこは竹藪だ。しかも私有地だ。護岸の上で、しかも川沿いは柵で囲われているはずだ。そう簡単に入りこめる場所ではない。第一、この真っ暗闇を歩き回ることなんてできない。そうか、シカか。

そう思っている間にも、ガサガサ、バキバキという下生えを踏みつぶす音が続く。おかしい。これはシカの音ではない。シカはいくらなんでも、こんな暴力的な音を立てない。それに、なにか低い声が聞こえる。荒い鼻息みたいな、ゴフッというような音だ。

懐中電灯をつけ、物音のする方を照らしてみた。

途端、「ブキイッ」と金切り声が上がり、竹をへし折る勢いでドドドッと一目散に逃げ去る足音が、暗闇に響いた。

イノシシ、ここまで来るんだ。

ちなみに、30年ほどたった今は、ごく普通に夜の奈良公園をイノシシが歩いている。イノシシは決して、むやみに攻撃的な動物ではない。だが、その牙を侮ってはいけない。イノシシの牙が怖いのは尖っているからだけではない。

ずっと山仕事をしていたというお爺さんに、山で拾ったイノシシの牙を見せても

イノシシの頭骨

らったことがある。ゆるく湾曲した牙の長さは15センチもあった。半分は顎に埋まっているが、外に出ている部分だけでも結構な長さだ。だが、手に取ってギョッとしたのは、先端ではない。イノシシの牙の断面は、鋭く尖った二等辺三角形だったのである。

博物館でイノシシの頭骨をしげしげと眺めて、どういうことかわかった。イノシシは上顎と下顎に牙を持ち、この2本が前後にピッタリと並ぶようになっている。この合わせ目の作る平面が、四角形に対角線を引いたように、上下の牙を分割しているわけだ。

本当に怖いのは、研ぎ上げられたこのエッジだ。こんなものを振るわれたら肉が切り裂かれる。そして、大きなイノシシなら人間を投げ飛ばすほどの怪力も持っている。

ただ、常にそれを振るって襲って来る、というわけでもない。イノシシの牙を見せてくれた件（くだん）のお爺さんは、山中の細い踏み分け道でイノシシに突進された話を聞かせてくれた。

「山の上からえらい音たててイノシシが走って来てな、避ける場所もないし、飛びつけるような木もないし、どないしようかと思った」

「で、どうしたんですか」

「もう目の前に来たんでな、片足上げたら、股の下を通って行きよった！」

「……何がしたかったんですかね？」

「わからんのう……」

とはいえ、やはり、怒らせない方が無難な相手ではある。

そして、振り返れば奴がいる

さて、現在。テンを見かけたしばらく後、私はダム湖にそった道端に折り畳み椅子を置き、カラスを待っていた。今日は定点調査だ。カラスがこの辺にいるらしいことがわかったので、じっと座ってその行動を観察し、行動圏を絞りこみ、あわよくば巣の位置を確かめようという作戦である。

背後には切り立った尾根がある。今日はなぜか、そっちの方でカラスの声が聞こえる。おかしい。普段は湖側にいるのに。

妙だ。カラスではない声も聞こえる。犬？　そうか、猟犬だ。犬のケージを積んだトラックを見かけた。猟期ではないが、有害鳥獣駆除のために猟師が入っているのだ。今度はカラスの声がした。猟犬の後を追っているようだ。まずいなあ、仕留められたシカみたいな大きな餌が出る場合、他所から関係ないカラスまで来てしまうかもしれない。

さらに1時間ほど待っていたが、カラスは鳴かなくなった。今日の観察はダメだろうか。猟犬の声は、一度は尾根の真上、稜線(りょうせん)付近まで来た。そこで獲物を見失ったのか、反対側へ戻ったようだ。しばらく声を聞いていない。

ザラッ　カラカラカラ……

何だ。何が落ちて来た？　ああ、背後の急斜面を、小石が転げ落ちたのだ。だが、何故だ？　まあ急斜面というのは、勝手にパラパラと崩れることもあるものだが。

だが、私は背中に神経を集中させていた。さっきから何か、気になる気配があるのだ。さっきは落ち葉を踏んだような音がした。その前は枝を踏み折ったようなパキッという小さな音。それから、何とも言いにくいが、妙な「気配」としか言いようのないもの……自分でもはっきりと知覚できない物音などを拾っているのだ。

カラスより背後の森の中に気をつけていると、ついに、それが聞こえた。小さいが、「フゴッ」という声である。それから、下生えの中を忍び歩くカサカサという物音。

間違いない、イノシシだ。背後の急斜面のすぐ近くにいる。

そうか、有害駆除はシカじゃなく、イノシシを追っていたのか。猟犬に追われたイノシシが尾根の上で追っ手を振り切り、こっち側の急斜面をこっそり下って逃げて来たら、そこに私が座っていたというわけだ。なるほど。

納得いったので、私は大急ぎで荷物を手にして、道路の反対側に退避した。

パニックを起こしたイノシシに背後から突っこまれるのも、イノシシと間違われて猟銃の弾をぶちこまれるのも、願い下げだったからである。

カラス先生の日常 ②

開幕

繁殖期になるとハシブトガラスとハシボソガラスは縄張り争いをします。

仄暗(ほのぐら)い水の底から

スズキ・スジエビ・クサガメ・カムルチー・イワナ

荒川にて

２００８年春。東京に引っ越して半年ほどたった、ある休日。近所の釣り場を開拓しようとしていた私は、荒川にスズキを狙いに行った。

荒川をうろうろしているうちに、橋脚の近くの護岸にたどり着いた。他の場所は今ひとつだったが、ここはどうだろう？

護岸の縁に立って、周囲を確かめた。水面がザワッと波立つのが見える。小魚が寄っているのだ。やった、ここはいい場所だ。水面に餌が集まっていれば、捕食者であるスズキも来ている可能性が高い。

背中が青黒くてボラっぽいルアーを結び、沖に向かって投げる。遠くの潮目を狙うのではないから、遠投は必要ない。どのみち、この短い竿では、そう遠くへは投げられない。

ルアーは90ミリくらいのミノーだ。引くとブルブルと強めの振動を感じる。引っ張れば潜る。止めればその水深を保つようだ。竿先を煽ると、いい感じにヒョイ、ヒョイと体を振る。メーカーは不明、値段は３８０円。中古品ショップで買った、格安ルアーである。ルアーは案外、高いのだ。有名メーカーの一流品となれば

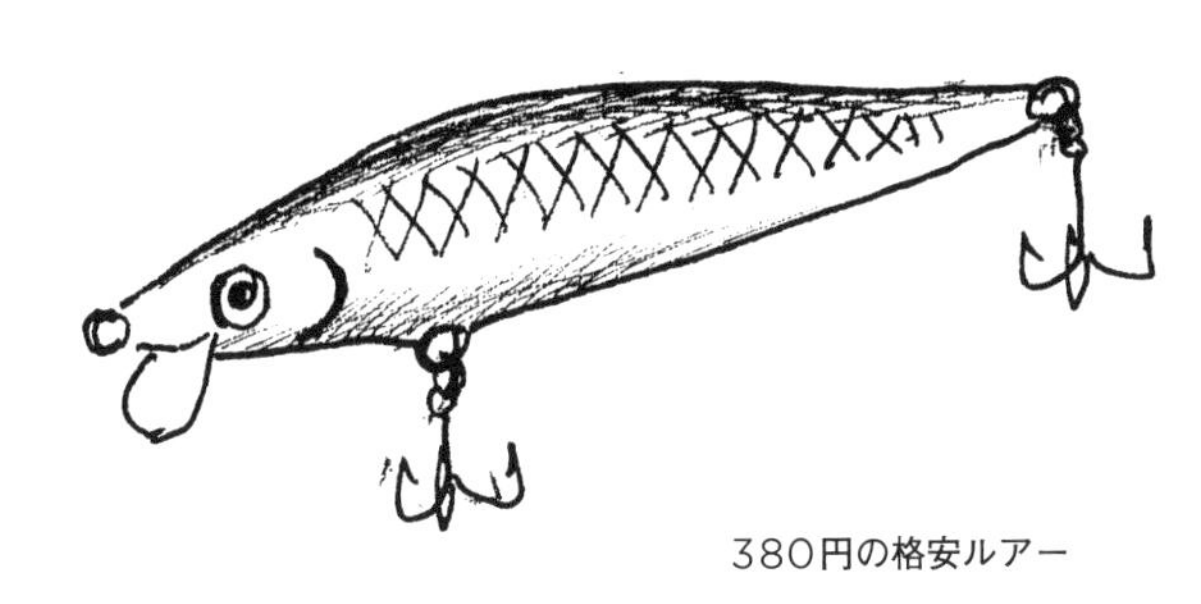

380円の格安ルアー

2000円くらいするのも珍しくない。

何投目だったろうか。グン、と竿先が重くなり、緩(ゆる)みかけていた糸が水中に没する。リールを巻いて糸の弛(たる)みを取ると、間髪入れずに竿を大きく引き寄せて合わせを入れた。

ガツンと重さが乗った。合わせた時に相手も引きずられて動いたから、そんなに大きな魚ではない。相手の大きさによってはビクともせず、合わせたぶんだけ竿の方が曲がることだってあるのだ。

キュウウッと竿先を締めこみながら水面を釣り糸が走る。意外に近いところでヒットしたが、魚とはそういうものだ。岸際や足下には、魚がいる。護岸で足下からストンと深かったり、障害物が沈んでいたりすればなおさらだ。餌はそういうところによくいるからである。こういう川で、無闇(むやみ)に流心に向かって投げても無駄なのだ。魚のいるゾーンを狙って、なるべく長くそこをルアーが通過するように投げた方がいい。

相手は中層を走っている。水面まで来た。銀色の魚体が見え、水がバシャリと湧き立つ。続いて、魚が体を水面に跳ね上がらせ、尻尾で立ち上がるように直立すると、大きく口とエラ蓋(ぶた)を開いて激しく頭を振った。よし、スズキだ！　いやまあこの大きさはスズキとば呼ばないか。スズキは成長にともなってフッコ、セイゴ、スズキと呼び名の変わる出世魚だ。この大きさなら、やっとセイゴといったところだろう。

大きさは40センチくらい、晩飯にちょうどいい大きさだ。

おにぎり池の主

釣りを始めたのは小学校に上がった頃だ。従兄弟が釣りをしていたので、自分もやるようになった。おまけに、従兄弟(いとこ)の家には『釣りキチ三平』の単行本がどっさりあった。これを読み漁って、しまいには全部もらったのだが、それですっかりハマった。

釣り道具屋で初めて買ってもらったのは、180円の竹の延べ竿だった。延べ竿というのは、継ぎのない、1本の竹でできた竿のことだ。私の買った竿は長さ一間、つまり1・8メートルほど。竿先は単なる切りっぱなし。本当はリリアンでもつければよかったのだろうが、そこは子供のこと、適当に釣り糸をグルグル巻いてむりやり結びつけていた。そのせいで時々、道糸(みちいと)が竿先からすっぽ抜けることもあったが。

その時に一緒に買ったのが小さな浮子(うき)、1号の道糸、オモリ、0・8号のハリス付きの針だった。針は何号だったか覚えていないが、まあフナ用の、そんなに大きくない針だったろう。

家から1キロほどのところに、ちょっと釣りに行くのにちょうどいい池があった。

その池は、裏山の坂を登り切ったところにあ

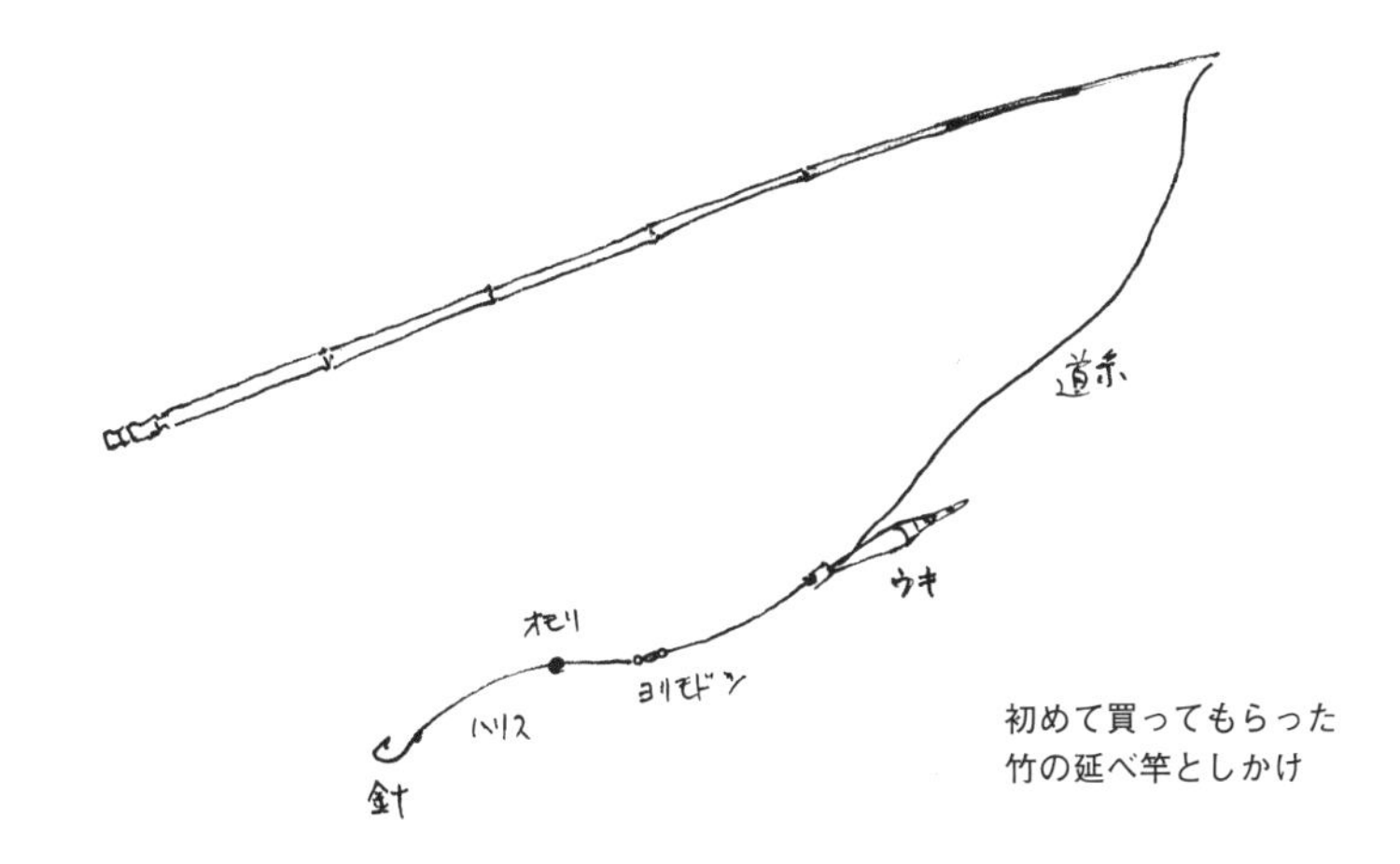

初めて買ってもらった
竹の延べ竿としかけ

り、一応、小さな溜め池ではあるらしかった（もうこの時期には水田も減って役目を終えていたようだが）。流れて来た地下水がそこで染み出すのだろう。一片が15メートルほどの三角形をしており、「おにぎり池」と呼んでいた。水深は1メートルもない。こんな小さな池に魚がいるとは思っていなかったが、試しに竿を出してみたら、ちゃんと釣れた。

いるのはギンブナとタモロコである。コイも1匹か2匹はいたのだが、滅多に姿を見せなかった。魚以外には、スジエビとザリガニをよく見かけた。

考えてみれば、川と繋がっていない池に魚がいるのは、おかしい。低湿地の水たまりのような池なら、河川が氾濫した時に、水と一緒に魚が流れこむことはあっただろう。だが、こんな、山の中の湧き水を集めたような池に魚がいたはずがない。ということは、おにぎり池の魚も、誰かが放流したものだろう。コイでもフナでもそうなのだが、日本の淡水魚は人為的移入と切り離せないものが結構いる。もちろん、「だから全て不自然だ」とか「だったら何を放流しても勝手だ」というのは極論がすぎる。移入種問題というのは、そういうイチゼロな話ではない。

スジエビはなかなかに面白い奴である。練り餌を使っていると、どうしても足下の水中に練り餌がこぼれるものだが、ふと目をやるとスジエビが何匹も集まって食べている。釣っている時に浮子がスーッと横に動くのも、だいたいスジエビのせいだ。餌を抱えたまま泳いでいるからである。もちろん、針にはかからない。ただ、時々、餌を抱えたまま一緒に上がって来てしまうことはある。

ザリガニはちゃんと針にかかる。ミミズを餌にしていると、大喜びで食べ始めるからだ。お行儀よくハサミでちぎって食べるので、特にベタ底で餌が水底についている場合、浮子にはほとんど変化が出ない。「なんで時々、浮子が揺れるんだろう」と思って竿を上げると、ハサミを振り立てたザリガニがついて来る。

そして、時には、もっと妙なものがついて来ることもある。

その日はいつものように水際に座り、水門だったらしい杭の左側、倒木との間に仕掛けを振りこんで待っていた。初めて竿を買ってから数年、今持っているのは三本継の竹竿だ。長さは一間半（2・7メートル）。値段は270円。釣り竿は1センチあたり1円なのか？

浮子がゆっくりと動いている。この感じは魚ではない……スジエビちゃうか。餌はミミズなので、スジエビが少々齧(かじ)ってもなくなることはない。

見ているうちに、浮子がゆっくりと沈み始めた。おかしい、エビはこんな引き方をしない。やっぱり魚か？

浮子がほぼ先端だけを残して水中に没した。そのまま、かすかに揺れている。なんやこれ。根がかりしたまま浮子が風で流れたらこういう事も起こるが、これは風ではない。何かが、浮子を引きこんだまま止まっているのだ。

そっと竿を上げてみた。重い……重たっ！　なんやこれ！　倒木かなんか引っかけたんか？

そう思ったら、グイと引っ張られた。倒木ではないようだ。だが、魚のように引き続けず、一引きしただけで止まった。なんだか、「引っ張られたので引っ張り返した」ような動きだ。

なんにしてもかなり重たいので、糸が切れないよう、ゆっくりと竿を上げてみた。引き寄せようとすると、またグイと引っ張られた。今度は一回ではない。グイ、グイ、グイと間欠的に引っ張る。なんだこれは。

魚のような、連続的な引きではない。まるで綱引きのように、引き方に波がある。だが、どうやら糸を引きちぎるほどの力はないようなので、思い切って引き寄せた。水面が湧き上がるように動く。糸の先の「それ」が水を蹴っているのだ。

薄暗く濁った水面の直下に、黒い、丸い影が浮いて来た。左右に捩（よじ）れるように動いている。水面に短い鼻面が覗き、こちらに向かってピンク色の口を開けた。ああ……いや、そんな気は、したんやけどな。やっぱり、カメや〜。大きなクサガメだ。妙に黒いのは黒化型だろう。爬虫類にはしばしば黒化型が生じる。カラスヘビと呼ばれるのも、ヤマカガシやシマヘビの黒化型だ。

このクサガメは甲長20センチを超えているだろう。立派なサイズである。これが手足で水だか水底だかをグイ、グイと掻くたびに、竿が引きこまれていたわけだ。浮子が沈んだまま動かなかったのは、水底に陣取ったままのカメが首を伸ばしてミミズをくわえ、そのまま首を縮めてもぐもぐ食べていたからだろう。

さて、それはともかく、一体どうすりゃいいんだ。今は水中だからいいが、抜き上げたら間違いなく糸が切れる。仕方ないから岸まで寄せて、甲羅を掴んで持ち上げた。途端、カメは針にかかったまま首を引っこめてしまった。おーい、針、外されへんぞー。顔出してやー。

しばらく持ったまま待っていると、そっと鼻面が出て来た。針は幸い、口先にかかっている（飲みこまれていたら大変だった）。外そうとして触ると、また引っこむ。しばらく我慢していると、またそっと顔を出す。今度はそのまま首根っこを押さえ、ジタバタするカメに手をひっかかれながら、なんとか針を外して池に戻した。クサガメにはとんだ災難だったろうが、やれやれ、こちらも苦労させられた。

真夏の怪物

水の底には、本当に怪物が潜んでいることもある。

やはり、小学校の頃のことだ。家からは少し離れているが、市内の古墳で釣りができるところがあった。一応、釣り堀なのだが、管理しているオバちゃんに「子供のことだし、ヘラブナを釣るのでなければ別に金はいらない」と言われたのである。そこでタナゴなど釣ろうとしていたのだが、この堀には、怪物がいた。

真夏、水面にはびっしりとヒシやスイレンが茂っている。ほんのわずかだが、オニバスも生えていたはずだ。アマゾンの「子供が乗っても沈まない葉」として有名なオオオニバスのミニチュア版である。いや、ミニチュアなどと言っては失礼だろう。オオオニバスがデカすぎるのであって、オニバスは十分に「鬼蓮（おにばす）」だ。葉っぱも大きいし、葉の裏は地獄のようにトゲトゲである。

真夏の日差しの中、この池の端を歩いていると、水面から妙な「プアッ」という音が聞こえた。目をやると、何かが水面にいたらしい、かすかな波紋が残っている。

そして、小さな泡がプクプクと浮いて来た。

しばらく、真夏の日差しをあびてギラつく水面を見ていたが、淀んだ水中にはもう何も見えなかった。

そんなことが何度かあり、ある日、ついにその正体を目撃した。

スイレンの葉の切れ目に、何かが動いたのが見えた。水面直下に何かがいる。だが、あれはなんだ。泥のような色だった。コイやフナではない。

ほとんど体を動かさないまま、ゆっくりと水草の陰から滑り出て来たのは、全長1メートル近い巨大な何かだった。形はまるで魚雷だ。頭が長くて先細りになり、口先はやや平たい。体は寸胴で長い。丸い尾鰭（おびれ）。色は泥っぽい、艶のない灰褐色（はいかっしょく）だ。

ピラルクー？

パッと頭に浮かんだのはそれだった。だが、南米原産の世界最大級の淡水魚が、こんなところにいるわけがない。いや、いたらすごいけど。誰か放流した？　でも冬は生き残れるわけないやん。

そいつは向きを変え、こっちに顔を向けた。

下顎（あご）がせり出した口先と、丸い、光のないどんよりした目が見える。私は基本的に、目鼻立ちの見えない動物はあまり好きでない。なんというか、何を考えているのか、目の色が読めなくてイヤなのだ。魚は明確な目鼻立ちがあるが、こいつの目はちょっと怖い……見えているのかいないのか、体の色と同じく、泥色をした目だ。いや、とにかく正体はわかった。あの顔は図鑑で見たことがあるし、特徴的な体側の斑点も見えた。ライギョ、おそらくはカムルチーだろう。

ライギョは雷魚と書く。本来、日本にはいなかった外来種だ。ロシア沿海州から中国、朝鮮半島原産のカムルチーと、中国南部から東南アジア原産のタイワンドジョウが日本に入っているが、よく似た2種なのであまり区別せずにライギョと呼ばれている。もう1種、コウタイと呼ばれる小型の種も、分布は限られているが定着している。

ライギョは肉食性で、魚やカエルを食べる。日本の生態系に悪影響があるのではと言われたが、最近はむしろ減り気味なようだ（もちろん、だからいてもいいということではないが）。

もともとは食用として持ちこまれたのだが、日本ではあまり利用されなかった。中国や東南アジアではよく食べる。大きくなる上に丸太ん棒のような体つきで肉が多いし、白身でおいしい魚だから、食用としては確かに悪くないだろう。いかにも泥臭そうで、かつ見た目がニシキヘビっぽい、という点を気にしなければ、だが。

全長1メートルの巨大カムルチー

それと、ライギョには顎口虫という寄生虫がよくいる。ヒトは本来の宿主ではないが、食べてしまうと寄生虫が体内に迷行することがあり、時には脳や目に達して重大な障害を引き起こすこともある。絶対に生で食べてはいけない。

ちなみにライギョの中国名は「鱧」である。日本語ならハモと読む。日本にはライギョがいなかったせいか、ハモにこの漢字を当てたようだ。単なる想像だが、はるか昔、中国から漢字を導入した時代に、「鱧とは細長くて口先が長くて歯の鋭い、おいしい魚」と読むか聞くかして、「ああ、じゃあハモのことかな」と考えたのだろうか？　同様に中国の古書で鮪はチョウザメ、鮭はフグである。鮪は「魚の王様のような、大きくておいしい魚」、鮭は「海にもいるが川にも上る魚」だろうか。フグには汽水性や淡水性の種もいて、中国にも分布する。現代でもフグを河豚と書くのはそのせいだ。海豚ならイルカである。

それはさておき。

ライギョの奇妙な特徴は、空気呼吸できるという点である。上鰓器官という呼吸器を持っていて、これで空気中の酸素を取りこむことができる。むしろ、鰓だけでは能力が不足気味で、空気を吸えないと死んでしまうくらいだ。この能力のため、暑く淀んだ酸素の少ない水でも生きて行ける。雨期と乾期を繰り返す熱帯アジアでは便利な機能だ。私の聞いた「プアッ」という音は、ライギョが水面に口先を出して空気を吸っている音だったのである。

この怪物を何度もルアーで狙ってみたが、ライギョは見た目に反してひどく神経質な魚だった。ちょっとでも人の気配があると逃げてしまうし、ルアーを投げこむ水音にも敏感である。だが、あの怪物を、一度でいいから水底から引っ張りだしてみたい。

そう思って通っていた、焦げるような真夏のある日。一緒に行ってくれていたミカミさん——当時実家に居候していた書生さん的な人——の竿に、ついにライギョがかかった。

水面をルアーがちゃぽ、ちゃぽと動いた瞬間、ヒシの葉を吹き飛ばす勢いで「バカン！」と水しぶきが上がった。カエルそっくりなビニール製のルアーを狙って、水草の下からライギョが食いついたのだ。次の瞬間、ワニの腹のような白い腹部と顎の裏を見せて、ライギョの巨体が半分がた、水面に躍り上がった。1度ではない。2度、3度。ものすごい水音を立てて、1メートルもあろうかという魚が、水面に飛び上がる。3度目に水面で頭を振った時、ライギョの口から外れたルアーが吹っ飛ぶのが見えた。

わずかに数秒。それだけのファイトだったが、あの、鈍い白色の腹をくねらせて水面に飛び出したライギョの姿は今もはっきりと覚えている。

それから何年もたった、高校生の時。全く別の池で、何の気なしに自作のルアーを投げてみた。

バルサ材を削って作った軽いルアーは、追い風に乗って10メートルほど先の水面に、小さな音を立てて落ちた。そのルアーから数メートル離れた水面で何かがスッと動くのが見えた。ん？　ライギョのように見えたぞ？

魚影はすぐ見えなくなった。潜ったのだ。次の瞬間、「カポン」という軽い音を立てて、ルアーが消えた。ライギョが真下から近づき、ルアーの間近で口を開けて、水と空気もろとも、ルアーを吸いこんだのである。

次の瞬間、糸がグーッと引きこまれた。やばい。今日はブルーギルを相手にするつもりで、うんと軽い竿を持って来た。こんなので、60センチはあるライギョなんか相手にできるか！

そう思った瞬間、竿がフッと軽くなった。ライギョの口は巨大だ。開口部も大きいが、口の中がとにかく大きい。吸いこんだルアーはどこにも引っかからず、また

「ペッ」と吐き出されて来たのである。だが、ルアーにはくっきりと、ライギョの歯の跡が残っていた。

あの夏の日に見た怪物との対戦は、いまだに実現していない。

深淵(しんえん)より

高校1年の夏休み、知り合いに招かれて青森県に行った。

家によく来ていた川崎さんという人が釣り好きで、「本格的な渓流(けいりゅう)釣りをしたいなら是非」と誘って下さったのである。下北半島の大畑というところで、お宅の目の前がもう川だった。その辺りは河口付近だったが、さすが東北というべきか、漁船がもやってあるような場所なのに、ニジマスが釣れたこともあったという。

「あれは降海型(こうかいがた)だったのかもしれませんねえ。だったらスチールヘッドってことになりませんかね」

仏様のような福耳の川崎さんは嬉(うれ)しそうに、そう言った。ちなみにスチールヘッドとは降海型のニジマスで、アメリカでは熱狂的に狙う釣り人がいる魚だ。

それから上流での釣りキャンプに連れて行って頂き、渓流での釣りを経験した。

まあ初心者のことでちっとも釣れなかったが、夏の東北は光にあふれ、澄み切った渓流に飛びこんで泳げば目の前にヤマメがいて、まるで天国のようだった。夜は夜で、釣り上手な川崎さんが釣って来てくれたヤマメやイワナを焼いて食べる。

そんなある日、川を一人で遡(さかのぼ)って行くと、目の前に大きな淵(ふち)が現れた。大畑川あたりはどういう地質なのか、平らな岩盤の上をさらさらと水が流れ、真ん中に深くえぐれた本流がある。その本流が広がり、谷の幅いっぱいの深みになっているのだった。遡上(そじょう)は無理だ。この淵はどれほど深いか見当もつかない。透明な水の中に岩が見えているが、その先は青みがかった暗さの中に消えている。

一度川から上がらないと上流に行けないが、この淵にはとんでもない大物がいるかもしれない。川崎さんによると40センチ、50センチというサイズのイワナや、野生化したニジマスも釣れているという。

ふと横を見ると、40センチではきかなさそうなニジマスがすーっと本流を泳ぎ、淵の中へと消えて行くのが見えた。うわ、ホンマにいた。

深く沈めるならこれだろうと細身のスプーンを選び、淵の中に放りこむ。糸をフリーにしたまましばらく沈むにまかせ、それからリールを巻いてルアーを引き始めた。深く、浅く、いろんな角度から流れを狙ってみる。が、魚の気配はない。ルアーを換えてみるが、やはり同じ。真夏の、日が高く上った時間帯では釣れないか。と、ルアーの後ろに何かが見えた。魚だ。10センチほどのヤマメが、食いつくには大きすぎるスピナーを追って、ぴったりとくっついてくる。

これは時々、魚に見られる行動だ。ブラックバスなどでもそうだが、特に小さいうちは、刺激に対して無邪気に寄って来ることがある。捕食性の動物である以上、餌を思わせる刺激を反射的に追いかけるのだろう。とはいえ、ルアーと変わらない大きさのチビ・バスたちが10匹以上も「これなーに？　なーに？」とルアーに群がりながら追いかけて来ると、釣り云々（うんぬん）以前に笑い出してしまう。

さて、ルアーは足下まで来たが、ヤマメはまだ引き返さない。竿を使って、ルアーを8の字を描くように引き回すと、ヤマメは玩具にじゃれつくネコのように、大きく口を開けたままで、ルアーを追いかけ回す。ついには背中が出るほどの浅瀬に乗り上げてきた。それから、スッと身を翻して、淵に戻って行った。

へー、遊んでくれたみたいや。ヤマメってもっと警戒心が強くて用心深い魚だとばかり思っていたが、こんな一面もあるんだ。

そう思いながら、またルアーを何投かして、切り立った岩盤の際の深みにルアーを沈めた時である。

いつものように、水底からこっちに向かって上昇してくるルアーの輝きが見えた。その後ろに、何かが動いた。暗い水底から、赤い色が滲みだしてくる。大きくなってくる。まっしぐらに、自分の顔に向かってくる！　真っ赤な口が！

それは、大きく開かれた、巨大な魚の口だった。そのまま目に飛びこんで来そうな恐怖に襲われ、思わずリールを巻く手が止まった。ルアーが速度を失い、動きを止めてユラッと沈む。

その途端、大イワナはルアーへの興味を失い、クルリと反転した。そして、尻尾を一振りして、暗がりへと消えて行った。

ふいに世界が光を取り戻し、セミの声が真夏の渓流を包んだ。

暗い水底からあらわれたイワナ

その水の底には……

そして今、私は荒川で、釣り上げたスズキの血抜きをしている。本当はさっさと帰って料理すべきだが、今日は釣れそうな気がする。もうちょっとやってみよう。同じルアーを、同じあたりに投げた。2投目、またいきなりガツンと来た。だが、水中で首を振った拍子にフックがすっぽ抜けたようだ。魚は逃げてしまった。

数歩移動して投げていると、10メートルほど沖で追い食いして来た奴がいた。また同じ感じだ。強めに合わせを入れて、引き寄せる。さっきよりちょっと重いが、あまり跳ねない。だがこの感じはスズキだろう。

引き寄せたらやはりスズキだった。しかもさっきより少し大きい。45センチくらいある。だが、食べるぶんはもう確保したのだし、キープしなくてもいいだろう。この魚は水から上げず、護岸に這いつくばって手を伸ばし、水中でフックを外して川に戻した。

それからわずか数投。ほんの4メートルほど先で、ルアーが何かにぶつかったように止まった。重い。しまった、岩でも引っ掛けたか。慌(あわ)てて手を止めると、同時にグンと竿先が引きこまれた。違う、魚だ! 急いで合わせを入れる。だが、自分が動かした分だけ竿先が曲がった。背筋がヒヤリとして、鼓動が早くなる。相手は微動だにしないほど大きいのだ。

合わせた瞬間にちょっと引っぱり返しただけで動かなかったそいつが、静かに沖に向かい始めた。あっという間に糸が張りつめて、ピン、キリキリキリッと音を立てる。危険だ。このままでは糸が切れる。急いで竿先を送りながら、リールのドラグを緩め、逆転させて糸を逃がした。ジーッと音を立てて糸が出て行く。相手は慌てず騒がず、糸を引っ張ったまま、ただ沖へと向かっている。ヤバい、これは本当に大きい。

そっとドラッグを締めてみると、途端に途方もない圧力がかかってきた。ガイドにこすれた糸がキリキリキリ……と音をたて、握っているグリップの下から竿が曲がり始めているのがわかる。だめだ、肘も伸ばされ始めている。こいつは対抗できない相手かもしれない。

そう思った瞬間、フッと右手が軽くなり、竿先がビュンと跳ね返ってきた。糸が切れた！　しまった、ルアーをつけたままの魚を逃がしてしまった。釣り針はいずれ押し出されて魚から抜け落ちることが多いとはいうが、ルアーとラインを引きずって不自由させるのは忍びない。やはり糸はもっと強いものに巻き替えておくべ

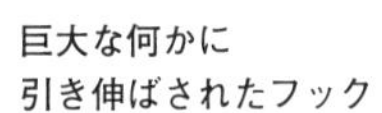

巨大な何かに
引き伸ばされたフック

きだった。

そう思いながらリールを巻き始めると、意外にも、手慣れた抵抗が残っているのに気づいた。ルアーが無くなっていれば、何の抵抗もなく巻けるはずだ。これは、ルアーがついている。そうか、針が外れただけか。それにしても、どれくらいの大きさだったんだろう。経験からいえば、60センチくらいのコイでも、あの重量感はない。

ルアーを巻き上げ、あるいはスレで胴体にかかったのかもしれんな、だったら鱗（うろこ）がついているかも、と思って、フックを確認してみた。そして、唖然（あぜん）とした。

錨（いかり）のような形をしたトリプルフックの針先の1本が、見事に引き延ばされていたのである。安物とはいえ、鋼鉄製の釣り針が。今のは、一体なんだったんだ？河童（かっぱ）か？

真相は荒川の水底に消えてしまった。高校生が吹奏楽の練習に来て、ランナーさんが遊歩道を走り、野球部がグラウンドで叫んでいる、あの荒川の、千住大橋の目と鼻の先で。

いつでもどこでも、仄暗い水の底には怪物が潜んでいる。

全員集合

ほかの鳥の観察は天敵のカラスに気づかれないよう細心の注意が必要です。

裏山探検

キイチゴ、アケビ、クズ、イノシシ、シカ、アナグマ、イタチ、キツネ林道をゆっくり歩きながら、森の奥をうかがう。さっきカラスの声が聞こえたのはこの辺だ。どこから森に入るか。

コンバットブーツの紐を締め直し、ウツギの茂みの脇から、森の中に踏みこんだ。入口は藪っぽい平地だ。足に絡んだスギの枯葉を払い落とし、斜面に入る。最初は体が固いが、じきに森の中のリズムを取り戻して来る。腰を屈め、肩を入れて藪を押し分け、爪先で足下を感じながら崩れやすい土をとらえ、通りやすい隙間を左右に拾い、足早にスギの間を抜けて登る。我々は四つ足にはなれないが、歩いているうちにだんだん姿勢が低くなるのは、気持ちだけでも四つ足に先祖返りしているのだろうか。棒立ちに突っ立ったままではうまく歩けない。

斜面が急激に立ち上がり、壁のようになった。足下がザラっと崩れる。直登を避け、斜めにルートを拾いながら登りつつ、背後を振り返って樹上を確かめる。カラスが防衛しているあたり、と考えれば、この辺の斜面に巣があってもおかしくないのだが。

森に足を踏み入れるたびに、さんざん歩いた屋久島の森の中を思い出す。そして、その練習のために登った家の裏山。考えてみればもっと昔から裏山や春日の森に「探検」に行くことは、よくあった。

裏山もいろいろ

裏山、とざっくり書いてしまったが、家の裏山、いわゆる「春日山」はいくつもの山の連なりである。家から見えるのは山焼きで有名な若草山、ポコンと一つ盛り上がった御蓋山、てっぺんに草原があって大文字焼きの行われる高円山、そして「春日奥山」とも呼ばれる花山だ。家のあたりから山に向かう道はいくつかあるが、谷川に沿って山に入る柳生街道は、御蓋山と高円山の間の谷間を通り、柳生の里まで道が続く。途中で左に折れると花山の懐を通って若草山に達する。おにぎり池からさらに先に行ったあたりから山に入れば、高円山だ。

柳生街道を遡って行って、普段はもう引き返すところから、まだ先に行ってみよう。滑りやすい石畳を進んで行くと、夕日観音、朝日観音と呼ばれる磨崖仏がある。さらに登ると、首切り地蔵がある。石を彫った小さな地蔵なのだが、名前の通り、首のところにスッパリと切れた跡がある。なんでも、江戸時代初期の剣客、荒木又右衛門が試し切りをした跡だという。荒木又右衛門は、剣術の名家、柳生一門に剣を学んだともいわれるが、だとしても、又右衛門がなんでまたお地蔵様相手に試し切りなんぞしなくてはいけなかったのか、それは知られていない。

その先は新池だが、池の手前で左に行くと、春日奥山の遊歩道に出る。少し歩けば峠の茶屋、そこからずっと歩いてゆくと、鶯の滝を通って、奈良公園に下りて来る。

このあたりの山は春日山の保全地域と、その外部の山からなる。いわゆる「春日奥山原始林」は本当の意味で天然林かどうかはわからないが、相当に天然林的な林相だ。人間の手が入ったことがあるとしても、大きく改変されたことはないだろう。

この森は今ではきわめて貴重になってしまった常緑広葉樹、いわゆる照葉樹が優占する森林である。シイ、アラカシ、クスノキなどだ。スギも混じっているが、多くはおそらく天然のスギだ。

季節を問わず葉っぱの密生した照葉樹林は、常に鬱蒼と茂って真っ暗だ。いわゆる里山や落葉樹林帯とは全く違う。夏になると、濃い緑と、艶のある分厚い葉のチラチラ光る反射と、葉陰の暗黒が重なりあったカタマリが、圧倒的な存在感を持って立ちはだかる。遠目にはブロッコリーの重なりのようだが、近づけばそれは緑の壁である。入って行けるようには見えない。まあ、実際にはその内部は意外と開けて歩きやすいのだが（照葉樹林の林床は暗くてあまり下生えが育たない上、奈良の場合はシカが食べてしまうからである）。

スカッと明るい落葉樹林だけでなく、暗く湿った照葉樹林だって遊び場にはなる。実際、私はそこで遊んでいたのである。もちろんあの薄暗さ、さらに神社の神域に続く場所だという理解は、畏怖や恐怖を呼ぶものではあったが、それはそれとして、遊びには行くのである。ただ、夜の奈良公園の暗さと怖さは、夜の雑木林での虫取りの比ではない。

　正直言って、私には里山に対して確固たる印象がない。実家のあたりの「里山」、つまりコナラやクヌギの薪炭林は、とっくに放棄されてタケ藪やスギ植林と入り混じっていたし、面積も大したものではなかった。里山といってもその状態は様々だ。江戸時代には里近くの山（特に入会い地）はオーバーユースで禿げ山になっていたことも知られている。また、里山から落ち葉や下草を堆肥として持ち出していれば、山が痩せるのも目に見えている。現在のような、里山に木や草が茂っている時期というのは、持ち出し超過になっていた里山に有機物をチャージしている時間、と考えることもできるだろう。

　というわけで、私は常緑樹のみっしり茂った山も、藪っぽい山も、大好きである。どうも「良い山」＝「きちんと手入れしている」と信じている人がいるらしく、落ち葉や藪を残していると「山が荒れている！」と怒りだすらしいのだが、私は決してそうは思わない。そりゃ林業や炭焼きには向かないかもしれないが、山の価値はそれだけではない。藪の中に潜って遊んでみれば、尚の事である。

初夏になれば家の裏の溜め池のほとりや、おにぎり池に向かう坂の途中にキイチゴが実をつけた。何ヶ所か、アケビのあるところも知っていた。とろとろと甘いアケビは、秋の「探検」のごちそうだった。冬は冬で、日だまりの枯れた藪は、ポカポカと気持ちのいい場所だった。クズがドームのように絡み合って枯れると、まるで鳥籠のようなモノが出現する。入ってみるとそんなに広くはないのだが、まるでテントのようで楽しい。こういう所は「秘密基地」を作るのに絶好の場所である。

まあ、基地といっても永続的なものではないし、何があるわけでもない。だいたいは藪の中に空間を作って、枝でも渡して入り口っぽいものを作っただけのことだ。ただ、これをやっていると、藪の下の方が這いこみやすいことに気付く。上の方は蔓が絡んでいたりして面倒なのである。

そして、時には、妙に通りやすい空間が既にできていることもある。つまりは獣道だ。人間が通るにはもちろん狭すぎるが、子供が這いこむきっかけには十分である。あまり意識していなかったが、獣道を使って藪の中に潜りこんでいたことも、しばしばあっただろう。

山頂への長い道

高円山に登ってみたのは、小学校の何年生だったろうか。

例によってミカミさんと一緒に、子供達何人かで山に行った。その日は「あの山のてっぺんまで行ってみよう！」というつもりで、水筒とおやつを持っていた。ミカミさんは多分、大人の目で見て「こんな距離は大したことがない」と踏んだのだろう。「ん、行こうか」と気楽に立ち上がってついて来てくれた。

最初は大したこともなかった。いつも遊びに行くおにぎり池の脇を通り、ブランコのあるお墓を通り過ぎ、そのまままっすぐ。

この辺りから、ちょっといつもと違うエリアだ。まず、不気味な無縁墓（むえんばか）がある。その先にはどんよりした池。この池の脇から左に折れて、山に向かう。

だんだん細くなる踏み分け道を辿（たど）り、藪を払うようにして進むと、また小さな溜め池がある。その先はもう、ほとんど道がない。溜め池を管理するために、時折人が通るだけの道なのだろう。

コナラとアカマツと藪に埋もれた山の中の、かすかな踏み分け道を無理矢理登った。暑い。息が切れる。決して弱いつもりはないのだが、こんな道とも言えない道を登ったことはない。立ち木を握って体を引っ張るように登る。

登って行くと藪が増えて来た。こんなん、通れへんやん。どないすんの。

そう思ったら、ミカミさんがヒョイと藪をかき分けて行った。え？　ここ、行けって？　ガサガサと顔に当たる藪を押しのけ、あちこちを枝だか棘だかに引っかかれながら通過する。

さらに進んだら、ススキの藪を強引に押し潰したような跡があった。直径1メートルあまり。泥っぽい地面の上に、押し倒されたススキが重なっている。そして、なんとなく、ススキをまとめてから持ち上げたり寄せたりして、隙間を作ったような雰囲気がある。ススキで作った屋根というか。そうか、あれだ。無人島で遭難して住居を作りました、みたいな。

「これ、何やろ」

「鳥の巣や」

「動物のねぐらちゃうか」

子供達が口々に思いつきを挙げたが、ミカミさんも知らないという。だが、なんとなく、これに見覚えがあった。そうだ、動物図鑑に出ていた「イノシシのネヤ」に似ているような気がする。ネヤは寝屋と書く。イノシシが休息場所として作るらしい。
潜ってみようかとも思ったが、なんとなく、どこかでイノシシが見ていて怒りそうだなー、と思ってやめておいた。先に進もうとしたら、ウンコが落ちているのに気付いた。いや、これは人間のものではない。もう少し、コロコロと分節している。人間並みの大きさがあって、人間よりもうちょっとシカっぽい。イノシシの糞（ふん）に違いない。やはり、ここはイノシシの住処なのだ。

　さらに歩いているうちに少し平らな所に出たが、そこはまだ、山頂には程遠かった。麓から見上げた様子を思い出す……ああ、山の中程にある、ちょっと平たいところに違いない。山頂はまだまだ先だ。しかも、行く手は藪ばかりだ。疲れたし、お腹も減った。泣きそうになったが、

人間並みに大きいイノシシの糞

おやつにポテトチップを食べたら元気が出た。

　そこからトゲトゲのイバラの藪を潜ったりして、さらに進む。奈良公園の森と違って、ひどく藪が多くて刺々しい山だ。考えてみれば、古い里山が放置されて自然に更新している途中だったのだろう。アカマツ・コナラ林ということは、まだ林相が若く、光の入りやすい環境だ。樹木が成長し、また樹種が変わって樹冠部が閉ざされれば、林床が暗くなって藪が減って来るだろう。

　体感的には何時間もかかったような気がしたが、チョイチョイと行って帰って来られたのだから、そんなにかかったわけがない。せいぜい、山に入ってから1時間かそこらだったろう。ミカミさんが藪を押し分けてくれるのについて行ったら、突然、目の前がパッと開けた。そこが、山頂だった。

　山の上の原っぱからは、奈良市が一望にできた。あそこが家のあたり、あっちが東大寺（とうだいじ）、あれが興福寺（こうふくじ）、あれが駅、あっちが学校……

　ただ、眺望は素晴らしかったが、それ以外は特に感動するものでもなかった。いまだに「どうせ登るなら山の頂きを極めよう」という気がしないのは、あの頃から変わっていないようだ。

アニマル・トラッキング

奈良公園は照葉樹の茂った森林である。林床にはアセビが多い。アセビは馬酔木と書くくらいで、有毒なためシカが食べないからである（本当に餌がなくなると食べることもあるようだが）。頭上はクス、シイ、カシなどで閉ざされ、林内は昼なお暗い。

そして、ここはもう、見渡す限りシカ道だらけだった。動物がいつも通る場所は踏みつけられて草が生えないし、落ち葉の溜まり方も薄いし、枝なども押し分けられていて、なんとなく、「道」ができる。もちろん、動物はその時の都合でちょっと横を歩いたりするので、なんというか、電子の軌道みたいな「確率論的な道」になるのだが、それが何本も、あらゆる方向に向かって交差している。ここまでいくと、森の中が全部シカ道で、シカの足跡が濃いところと薄いところがあるだけ、と言ってもいいような気がする。

ニホンジカの体重は雌でも30キロから40キロはある。そして、その体重を支えるのは、あの細い足の先についた蹄だ。地面にはしっかりと足跡が残る。意識して考えたことはなかったが、たぶん、子供の頃に「踏み分け道」だと思っていたものの半分くらいは、シカの通る獣道だったのだと思う。

もう少し足跡というものを意識したのは、小学校の最後の頃だったろう。

そのつもりで見ると、奈良公園周辺は足跡だらけだった。大概は細い2本の蹄の跡で、これはシカに違いなかった。四本の楕円形の指先と三角形の肉球の跡が残った足跡もちょくちょく見かけたが、これはもちろん、イヌだった。その証拠に、イヌの足跡の回りは必ず、飼い主の靴の跡があった。田舎のことなので、たまに勝手に出歩いている犬の足跡もあったが。

何かもっとカッコイイ野生動物の足跡はないものかと思い、なるべく「いやイヌじゃないかも」と思おうとしたのだが、やっぱり、どう見ても、それはイヌの足跡だった。

ある雨の後、何か足跡はないものかと思って、むやみに奈良公園を歩いていたら、ささやきの小径から森の入るところに、小さな踏み跡を見つけた。これはシカではなさそうだ。もっと背の低い動物が、アセビの下を潜っている。

近づいたら足跡が一つ、残っていた。斜面にグイと足をかけて踏みこんだ跡だ。大きさは猫より少し大きい程度。だが肉球の跡ではない。もっと、「手をつきました」といった感じだ。指は5本ある。そして、それぞれの指の跡の前に、くっきりと細い跡が残っている。何かが土に深く食いこんだ跡だ。
爪の跡？
掌ぺったり、5本指、長い爪。
アナグマだ！

はっきりわかる足跡は1個だけ。しゃがみこむと、なんとなく歩いた跡が森の奥に続いているような気はしたが、よくわからない。それに、この森のこの辺りはちょっと、いかにも神域という感じがして入りにくい場所だ。それ以上踏みこむのは、やめておいた。
今考えても、あの時の自分の見立ては正しかったと思う。奈良でアナグマの姿を見た事はなかったが、蹠行性（しょこうせい）（指先でなく、掌をべったりと地面につけて歩く歩行様式）はイタチ科の

「手をつきました」といった感じのアナグマの足跡

特徴だ。他にはクマとサルがあるが、これは大きさと形から除外できる。アライグマも蹠行性で5本指だが、もっと指が長い。ハクビシンならもっと丸い。それに何より、ひどく長い爪の跡が決め手だ。アナグマの前足には長い爪がある。文字通り、これで穴を掘り、地面をかいて餌を探すためだ。

たとえ姿を見なくても、足跡があれば、その動物がそこにいたとわかる。この、安楽椅子探偵めいたカッコよさにちょっと惹かれた。ちょうどその頃に読んだ、アーネスト・シートンの長編小説『森のロルフ』にもそういうシーンがたくさんあって、あれも憧れた。ロルフは白人の少年だが、森の中でアメリカ先住民のクオナップを師として育ち、自然の中で生きて行く様々なスキルを身につける。それこそ足跡の見分け方、罠の仕掛け方、弓矢の作り方、かんじきの作り方、カヌーの作り方などだ。弓矢はぜひ作ってみたかったが、残念ながらその辺には切り倒してもいいようなヤナギもトネリコもなく、矢尻に使うヤマアラシの棘も手に入らなかった。

そこで、ド素人ながら、春日の森で地面を見てあれこれ考えてみた。ここに、はっきりした足跡がある。逆ハの字、つまり2本指の蹄の跡だ。日本でこういう蹄の野生動物は、シカか、カモシカか、イノシシ。この辺にカモシカはいないから、

掌をべったりつけて歩くアナグマ

シカかイノシシ。まあ、考えるまでもなくシカだろう。

足跡はもつれるように連なっている。こう歩いているのが1頭。それとは足跡の大きさが違うのがもう1頭。森から出て来て、小径をこう横切って、その先……こっちの水たまりに足跡の続きがある。足跡が二重になっているのは、前足の足跡の上に後ろ足を重ねるように歩くせいだ。こうして見ると、一直線にスッスッと美しく足を運んでいるのがよくわかる。足跡はわずかに左右に蛇行するが、右手足の跡と左手足の跡が2列にベタベタと残ったりはしない。

チョコボールみたいな糞も落ちている。間違いなくシカの糞だ。大きさの違う糞があるから、やはり複数だ。糞はまだ乾いていない。そんなに古いものではない。ここを通って、ここから森に入った。この泥に踏みこんだ跡がある。ん？　逆ハの字に並んだ蹄の跡の後ろに、もう2つ、スパイクのような跡がある。2本指ではない？

いや、これは副蹄(ふくてい)、足の高い位置にある退化した指だ。普段は接地しないが、ぬかるみに足を突っこんだ時には跡を残すこともある。ここからこの藪の間を通って、この踏み分け道を通り……

だめだ、もうわからない。固い地面には足跡が残らないし、森の中はシカの足跡でいっぱいだ。糞も新旧入り交じってそこらじゅうに落ちている。残念だが、私には足跡について教えてくれる人がいない。ロルフの真似事をしても、この程度だった。

だが、こういう癖(くせ)をつけたおかげで、森にはたくさんの道があることに気付くようになった。動物が藪を押し分けた跡や、下生えを踏みつけた跡、地面に残った蹄の跡などだ。一面の藪に見えても、しゃがんでみると、下の方にトンネル状に入り口があることは多い。動物の背の高さは、うんと低いのだ。突っ立ったままでは目に入らない。

その辺りを探すと、糞が見つかることもよくあった。石の上や橋の上に落ちている、小指よりも小さな細長い糞は、イタチのものだ。よく見ると鳥の羽や何かの毛が混じっていて、小さな種も入っている。イタチは植物質も食べているのだ。もう少し大きいのはテンの糞かもしれなかったが、大きさだけで見分けるのは難しい。わざわざ目立つ場所に糞が乗っかっているのは、恐らく、マーキングの意味もあるのだろう。

もちろん、単に散歩に来た飼い犬の糞ということも多かった。だが、犬っぽいが、どうも犬ではないように見える糞も、時にはあった。ちょっと細くて、しかも毛や骨の欠片が混じっていたからである。明らかに小動物を食べている。

ひょっとしたら、と思って顔を近づけてみると、ツンときつい臭いがした。犬の糞の臭いではない。もっと強烈な、動物園の檻（おり）の前のような臭い。これは多分、キツネの糞だ。キツネは

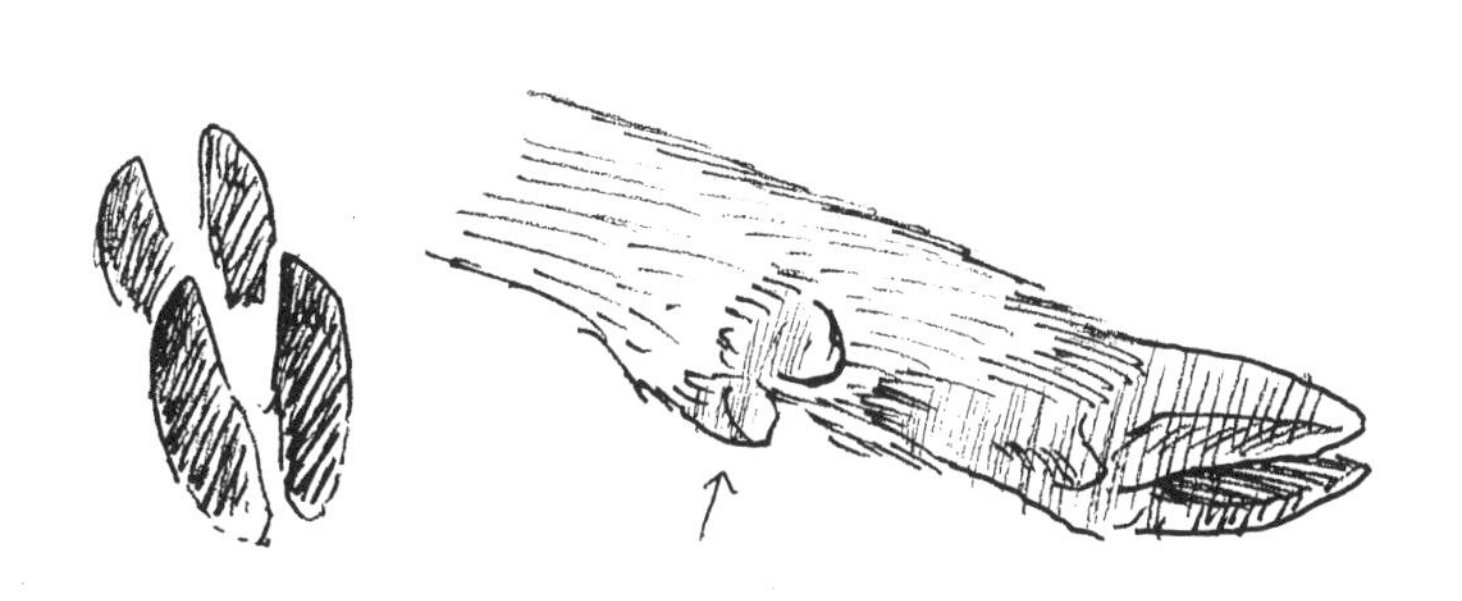

シカの足跡。矢印は副蹄

見た事がなかったが、いてもおかしくはない……というか、いないはずはない。タヌキと違って用心深いので、人前に姿を見せないまま、ひっそりと暮らしていたのだろう。

冬の森にて

さて、大学受験を控えた高校三年生の時。

私はいつもと違うバス停でバスを下りて、奈良公園に足を踏み入れた。なんだかまっすぐ帰る気にならない。苛ついた気分を、真冬の風でちょっと鎮めたい。受験の苛立ちや疲れもあったろうし、もっと単純に、ハードボイルドを気取ってみたい若気の至りもあったろう。とにかく、私はその夕方、人に出会うのが嫌で、奈良公園の芝生を横切り、小川を渡り、森の中に踏みこんだ。最近は「森に入ってはいけません」と書いた立て札があるが、あの頃はちょこちょこ森を抜けている人がいたものである。

通り馴れた森の中を、落ち葉を踏んで歩く。足の下でサクサクと落ち葉が音をたて、時々、パキッという枯れ枝を踏む音も響く。こんなんじゃダメだ。ロルフは都会から来たハンターに「もっと足下を見て歩け」と注意していたっけ。足下を見て、枝がないのを確かめ、爪先を置いて、どうしても避けられない時は枝を縦に踏んで、へし折らないように……

ふと顔を上げると、正面から誰かが歩いて来ていた。20メートルくらい向こうか。この頃、受験勉強のせいでひどく視力が低下していて、このくらいの距離が一番、見えにくかった。うんと近いか、うんと遠ければまだ見える。

とにかく人であるのは間違いない。白っぽいシャツに黒いズボン、手には黒っぽいものを持っている。背格好は自分くらいだ。

せっかく孤独を楽しんでいたのに、他人になんか会いたくない。私は道を譲ろうと、右に寄った。さっさと通ってくれ。

すると、相手も、やはりスッと脇に寄って、茂みの陰に入ってしまった。なんというか、私と点対称な動きをする奴だ。変な奴だな。さっさと通ればいいのに。

そう思って立ったまま待っていたが、相手が来ない。というか、物音一つしない。気配が全くなくなってしまった。

おかしい。

私はそっと左に動き、相手がいるはずの藪の向こうを見た。

そこには誰もいなかった。

それからふと思い出した。私は黒い学生服の上着を脱いで、手に持っている。着ているのは白いカッターシャツ、下は黒いズボンだ。さっき向かい合っていた奴とまったく同じように。

……ドッペルゲンガー？

冬の森の中をザアッと風が吹き抜けて、落ち葉が舞い上げられた。全く釈然としないまま、私は足早にそこを通り過ぎ、急いで家に帰った。

この話に、オチはない。本当に何だかわからないのである。まあ、疲れて、精神状態も穏やかではなかったから、幻覚を見たということもあるだろう。そう、幻覚ですよ、幻覚。

再び、裏山に登る

さて、大学生になった私は、屋久島でのサル調査に参加することにした。となると、本格的に山に入る前にコンパスの使い方を練習しておいた方がいい。地図があって、回りがよく見える場所でやってみよう。ついでに道のない山に入るのも試してみよう。……高円山、行ってみるか？

小学校で使っていたボロボロの奈良市の地図を探し出し、このあいだ山道具屋で買ったシルヴァ社のオリエンテーリング用コンパスをポケットに入れる。デイパックに水を入れ、念のために非常食も忍ばせた。どうせならカッパも入れてしまえ。

かくして、私は「よし、行くぞ！」と意気込んで、家を出た。裏山の入り口までは早足で歩いて20分もかからない。そこから、山に踏みこんだ。記憶にあるのと同じ、荒れた踏み分け道だ。藪を払いのけながら登って行くと、登山道、ではないが、一応人間が歩いた跡らしいものが続いている。おや、こんなものが。

尾根の上を辿(たど)って、山頂まで続いているらしい。昔登った時にこんなものはあったろうか？　単に、見つけそこねて無駄に苦労しただけだったのか？　とにかく、その道を、大きくなった体に任せてドンドン登って行った。途中で一度休憩しようと思っていたが、ちょっと息を整えさえすれば、さして疲れたと思わない。よし、行っちゃおう。

そう思った途端、突然、私は山頂に出ていた。

あ、れ？

時計を見る。山に入ってから30分だ。

へ？　この山、こんなに近かったの？　家を出てから50分そこそこ？　もっとかかるつもりで意気こんで来たのに。疲れもしなかったし、水すら飲んでいない。さすがに飛ばしたのでちょっと汗ばんでいるが、それだけ。

何だか拍子抜けしてしまった。地図を広げてコンパスと見比べ、方位角を計る練習をしてみる。しばらく試して、だいたいわかった。

私は地図をしまうと、スタスタと山を下りた。下りはもっと速く、20分ほどで下山してしまった。

カラス屋は今日も藪の中

そして今、群馬県の山の中で、カラスの巣を探して尾根に登っている。尾根の側面を無理矢理登って来たが、とんでもない急斜面と藪だった。帰りはあまり通りたくない。

「どうします？　尾根筋（おねすじ）下りますか？」

一緒に歩いていた森下さんに相談する。

「反対側の斜面を下りたら、車止めたとこの近くですよね」

「近いですけど、死にますよ？」

私は尾根から下を覗いて言った。これは斜面ではない。もはや崖だ。

「映画だったら行けるんだけどなー」

「丸い岩が転がって来て、イチかバチか飛び降りる奴ですな」

現実にやったら本当に死ぬ。私たちは無難に、尾根筋を下り始めた。ひどい藪で、しかもイバラやキイチゴ（つまりトゲトゲだ）が多いのだが、小さくなれば通れる。突っ立ったまま傲然と通過しようなんて考えるからいけないのだ。ケモノになったつもりで、うんと低く縮こまって、地面と茂みの間を抜ける。これで結構、通ることができる。ただし、デイパックが引っかからないように注意がいる。

ススキの藪を踏み分け、どう見ても「誰かさん」が牙でせっせと地面を掘って土木工事にいそしんだらしい階段状の地形を突破し、密生した藪を漕ぎ分けて、「よっ、せい！」と踏みこんだ。とたん、ずぼんと藪を抜け、明るい初夏の林道に飛び出していた。よし、林道に戻った。ここはどのへんだ。

あたりに目をやって、笑いがこみ上げてきた。すぐ向こうに、森下さんの車が止めてある。イノシシ道を辿って来たら、見事、出発地点に戻って来たのだ。

イノちゃん、便利な道を作ってくれて、ありがとう！

なじみの不審者

カラスはよく見る人間の顔を見分けて覚えることができます。

夜間飛行

ボルボックス、アブラコウモリ、クビワオオコウモリ秋葉原は楽しい街だ。最初に訪れたのは東大博物館勤務になってすぐ、起動しなくなったノートパソコンのＰＲＡＭ用バッテリーを探していた時だったか。その後も交換用のパーツや工具を漁りにしばしば出かけた。某漫画に登場する表情豊かな門番ロボットのフィギュアを探し歩いたこともある。

ある日の日暮れ時、秋葉原から御茶ノ水駅の方へ向かって神田川を渡っている途中で、川面の上を舞う影に気付いた。チョウにしては力強く、鳥にしてはせわしない。

コウモリだ。

子供の頃、あまりコウモリを見た記憶がなかった。いなかったはずはないのだが、家のあたりは森と水田が多くて、住家性のアブラコウモリが少なかったのかもしれない。あるいは、単に街灯もなくて真っ暗だから、コウモリがいても見えなかっただけなのかもしれない。

中学に通学するようになると、日が暮れてから通学路の川沿いを歩くこともでてきた。そういう時は、夜空よりも黒いコウモリの影を見かけることもあった。初めてコウモリを間近に見たのは、高校生の時だ。

天守閣の闖入者

高校で、私は生物部に所属していた。まあ、生物部なんてのは文化系クラブとしても弱小な方で、大会や発表会があるわけでもなく、生物好きが細々と何かしているだけの、地味なクラブである。1年上の先輩が熱帯魚好きで、生物室に並ぶ水槽で魚を飼っていた。さすがに熱帯魚ではなく、放ったらかしても死にそうにない、オイカワやカワムツといった日本の魚だったが。片隅にはニンジンの組織培養に使うクリーンベンチ（無菌操作用の箱、組織を培地に植え付ける時は、雑菌が入らないよう、この中に試料を入れて作業する）と、松並先生が授業用にメダカを飼育している水槽があり、その横の大きなビーカーは微生物用だった。初めてボルボックスを見たのも、確かこのビーカーからとった水滴だ。ボルボックスは顕微鏡でなければ見えない微生物だが、百個から数百個の細胞が繋がって、球体を作っている。細胞一個ずつは同じ形に見えるが、ちゃんと分業があり、バラバラにされると生きて行けないらしい。ということは、単なる「単細胞生物の寄り集まり」よりは多細胞生物に近い。

このボルボックス、オオヒゲマワリとも言うが、網目状に見える緑色の球体が、周囲の繊毛（せんもう）を動かしてデタラメに回転しているという不思議な生物であった。右に回っているかと思うと左になり、今度は斜め回転になる。どうやら全体の意志を統一して「せーの」で動いたりはしないらしい。だが、顕微鏡の透過光で見るボルボックスはとても美しかった。

さて、そんな生物部で過ごしていた、夏休み前の、ある雨の日の放課後のことだ。風も吹かない蒸し暑い日だったのを覚えている。

突然、テニス部の友人が飛びこんで来た。同じクラスの同級生だ。高校の間、腕相撲で唯一勝てなかった相手でもある（野球部主将とは引き分けた）。彼は飛びこんで来るなり、「松原、悪いけど、ちょっと来て」と言った。

「どないした？」

「なんかヘンなもんが飛びこんで来た」

「どこ？」

「天守閣の階段の天井」

天守閣、というのは校舎の屋上にさらに突き出した部分の通称だ。屋上に出られるドアがあるが、普段は施錠されている。単に「階段」と呼ばれない理由は、地学準備室がなぜかここにあって、屋上にポツンとペントハウスのように突き出しているからである。校舎の屋上に窓のついた小部屋が乗っている姿は、確かに天守閣みたいに見えなくもない。

それはともかく、天守閣まで行けば4階層、学校で一番長い階段なので、運動部が基礎トレに使うことがあった。雨のせいで屋内練習していたテニス部の連中も、この階段を使っていたらしい。で、そこに謎の生物が迷いこんで来た、と。

階段を駆け上がって行くと、トレーニングウェアの数名が天井を見上げていた。

「トレーニングしてたら、アレが入って来て飛び回ってな。かわいそうやし、逃がしてやってくれへん?」

友人が天井を指差した。ふむ……やっぱり。

天井から、小さな、黒っぽいものがぶら下がっていた。間違いない、コウモリだ。虫食性の小型コウモリは夜行性だが、もう日暮れが近いし、雨で暗いので飛び始めたのだろう。そのうち、何かの拍子に開いていた窓からでも校舎に入ってしまったわけか。友人の言う通り、外に逃がせば万事解決だ。だが、コウモリは全く無害な動物ではあるものの、吸血鬼のイメージもあるし、飛ぶのも巧みだ。どう対処していいかわからなかったのも仕方ない。

うっかり叩き落としたりしなかったのは、コウモリにとって幸運だったに違いない。コウモリはとても華奢で脆い動物だ。畑正憲が書いていたが、帽子ではたいただけでも死んでしまうことがあるというし、軽量化のためか首の周囲の筋肉がひどく薄くて、他の小動物と同じように首をつまんで持つと頸動脈が圧迫されて危険だとか。

さて、そうなると、捕まえ方が問題となる。ここには窓がないから、追い立てて窓から逃がすというわけにはいかない。やはり、一度捕獲するしかない。だが、この状況ではタモ網が使えない。相手は天井にくっついているのだ。といって、横からエイッと網を走らせるのもダメだ。ぶつけたら死んでしまうかもしれない。となると……

手捕り？

幸い、コウモリがいる場所は階段の手すりの真上である。天井はかなり高いが、手すりに登ればなんとか手が届くんじゃないだろうか？　手すりは20センチほどの厚みがある胸壁の上についているので、胸壁の上に立てないこともない。

「どうする？」

「ここ登って手ぇ伸ばすから、ちょっと足持っててくれへん？」

「マジ？」

「今寝てるみたいやし、多分捕れる」

「おっしゃ、わかった」

私は胸壁によじ登り、手すりに掴まりながら、そろそろと立ち上がった。すかさず友人が足を支えてくれる。

下を見ないようにしてえいっと体を起こし、背中を伸ばした。うん、思ったより天井が近い。しかもうまい具合に、本当にコウモリの真下だ。コウモリは翼で体を包むようにしている。まさにあの、マントにくるまった吸血鬼の姿そっくりだ。顔はよくわからない。コウモリは目が小さいから、目を開けているんだか閉じているんだかもよくわからない（小さいだけでちゃんと見えてはいる）。ということは、相手の出方も読めない。

だが、疲れているのか、コウモリは身じろぎもしない。よし、いける。

そっと手を伸ばし、両手を、コウモリを包むように近づける。なるべく近くからそっと、でも逃げないように素早く。

「えいっ」と気合で手を伸ばし、両手をコウモリに被せた。やった！　それからそっと、手の中にコウモリを収めた。コウモリは手の中でパタパタしている。よし、これでいい。このまま部室まで持って行って、雨が止んだら外へ逃がそう。

　コウモリを握りつぶさないように注意して、胸壁から床に飛び降りた。テニス部員たちの喝采を浴びる。こんな晴れがましい経験は、文化部には滅多にない。そう思った瞬間、コウモリが私の指にガジッと噛み付いた。

コウモリ、女子高生に出会う

　い、痛い。結構、痛い。手の隙間から覗くと、大口開けて人差し指に噛み付いているのが見えた。小さいが尖った歯が何本もギリギリと食いこんでいるのもわかる。出血するほどではないが、歯車を押し付けられたような、そういう痛さだ。ま、寝ているところをいきなり鷲掴みにされれば、そりゃ噛み付きもするだろう。

「どうした？　足捻ったか？」

「いや、コウモリに噛まれてる」

「え？」

　テニス部の面々に「大丈夫大丈夫」とうなずき、あとはこちらで引き取ると伝えて、部室へ歩いて戻った。その間、コウモリは顎の力を緩めてくれなかった。天守

迷いこんだアブラコウモリ

闇を下りて、下駄箱の並ぶ玄関前を通り、給湯室前の段差をトントンと上がって廊下を左へ折れて、生物室実験室に到着するまで、コウモリはずっと私の指を噛んでいた。

実験室の大きな机の真ん中で、コウモリを握った手をそっと開いた。コウモリは噛み付いていた口を放し、机の上にノソノソと下りた。指には円弧を描いて、歯が食いこんだ跡が点々と残っている。幸い、出血はしていない。ふむ、手を離せばすぐ口を開けるあたり、なかなか律儀な動物ではないか。とはいえ、コウモリは狂犬病を媒介した例があるので、噛まれない方が無難である。日本では狂犬病は根絶されているが、わざわざリスクのある相手に噛まれることはない。ただし、こんな風に手づかみにでもしない限り、コウモリが人間に噛み付いたりはしない。吸血性のコウモリは世界に3種だけだし、中南米にしかいない。

机の上に置いたのにはわけがある。これも畑正憲の本で読んだ記憶があったのだが、コウモリは平らな場所から飛び立つのが苦手、というかほぼ不可能なはずだ。確かに鳥と違って足でシャンと立つことができないから、地上で羽ばたいても翼で地面を叩いてジタバタするばかりだろう。彼らの体の構造からいえば、逆さにぶら下がった姿勢から落下しつつ翼を広げて飛行に移る方が理にかなっている。

コウモリは落ち着きなく向きを変えている。多分、暗い方が安心するはずだ。狭い隙間に折り重なるように集まっていることもあったはずだから、隙間的なところも好きだろう。私はルーズリーフを折って屋根を作り、コウモリの前に置いた。コウモリは翼と足でズリズリと這うように移動し、屋根の下に潜りこんで、落ち着いた。よし、とりあえず雨が止むのを待とう。

覗きこむと、コウモリは案外かわいい顔をしていた。何コウモリだろう？　飛んでいる姿を見ても小鳥程度で大きくは見えないが、こうして見ると本当に小さい。翼を畳むとハムスターよりも小さいくらいだ。毛並みが薄くて痩せっぽちに見えるのも理由だろう。飛ぶために相当な無理をしているようにも見える。

また、こうして机に伏せている姿を見ると、意外に「四つ足」ということがよくわかる。翼を畳んでしまうと、確かにそれは前足なのだ。肘があって前腕があって指がある。鳥の、何をどうやったら手があんな形に進化できるのかわからない構造とは違う。コウモリの翼を支えているのは長く延びた指の骨で、翼面は指の間に張られた皮膜だ。いってみれば巨大な水かきである。今は、その膜は前腕と平行に後ろに畳まれている。

口はガバッと大きく、さっき噛まれた感じだとギザギザと尖った歯がズラリと並んでいるようだ。空中で昆虫を捕まえて適当に噛み潰して飲みこむなら、それでいいわけか。目は本当に小さい。だが、小動物らしい、つぶらな瞳だ。耳は体のわりに大きめで薄い。

見ているうちに、コウモリもだんだんかわいくなってきた。

そうやってコウモリを愛でていると、3年の先輩がやってきた。眼鏡をかけた、ちょっとアラレちゃんみたいな人である。

「ハジメ君、何それ」

「なんかコウモリが入って来ちゃって、さっき捕まえて来たんです」

「おー！　コウモリ！　どれどれ」

先輩は机に駆け寄ると、コウモリを覗きこみ、ヒョイと屋根をどけた。

途端、コウモリがダッと四つん這いのまま走った。比喩ではない、まさに「走る」速度でサササッと机の上を滑るように動いたのである。そのまま机の端からピョンと身を躍らせ、ダイブ。瞬時に翼を広げたコウモリは、わずか80センチの距離を落下する間に、ノソノソした謎の生き物から、自在に空を舞う存在へと変身した。

パタタタ、と羽ばたいて急上昇し、生物実験室の中を旋回するコウモリ。女子高生の顔を見るなり全力で逃げるというのもどうかと思うが、まあ、いきなり捕まえられるわ、やっと落ち着いたと思ったら隠れ家を取り払われて巨大な顔に覗きこまれるわでは、驚くか。

それはともかく、また飛び回り始めてしまったコウモリをどうするか、だ。もう一度捕まえるのは無理。となると、窓を開けっ放しにして、勝手に出て行ってくれるのを待つしかない。

私と先輩は手分けして、生物実験室の両側にある窓を全て開け放った。廊下に出て行かないよう、ドアは締め切っておく。

生物実験室の天井近くには学園祭の時に暗幕を垂らすための針金が縦横に張ってあるが、コウモリは超音波を利用したエコーロケーションで障害物を探知できることが知られている。数メートル先を飛ぶ昆虫もキャッチできるというし、暗室に張った針金を避けて飛ぶこともできるという。

「あれ、ぶつからへんかな」

「大丈夫だと思いますよ」

先輩がコウモリを心配しているので、私はここぞとばかりに、本で仕入れた知識を披露した。

とたん、「シャン!」という軽い音がした。コウモリが天井付近で急旋回すると、また「シャン!」と音がして、空中で一瞬、よろけるのが見えた。

「ぶつかってるで?」

「……」

慌てているのか、針金を探知できないらしい。まあ、梁だのダクトだの蛍光灯だの障害物の多い場所で、しかも天井と10センチも離れていない針金では識別できないのも無理はない。レーダーでも、地表面からの電波反射に隠れて低空飛行する航空機を見つけるのは難しいというし。

コウモリはいい具合に高度を下げ、窓に向かった。よし! と思った瞬間、鋭く方向を変えて戻って来た。次の窓に向かうが、また方向を変える。なぜだ。

そうか、窓のすぐ外にある植えこみのせいかもしれない。窓を抜けてから急上昇するか、右に避ければ脱出できるのだが、コウモリの感覚では、「この方向に立ちふさがる障害物がある」としかわからないのか。彼らがエコーロケーションで探れるのは超音波ビームの照射範囲だけなのだ。言ってみれば懐中電灯で照らした狭い範囲だけを見ているようなもので、全体像を把握できないに違いない。だが、何度も飛び回っていれば、そのうちにいい角度で超音波を発射できるのでは？　反射が帰って来ない角度を見つければ、それが障害物のない進路だとわかるはずだ。それに、コウモリといっても視覚がないわけではない。特に薄暮（はくぼ）の時間帯には、むしろ目に頼っているはずだ。

　コウモリは部屋の中をぐるぐると回っている。この部屋の様子を把握しようとしているのかもしれない。

　先輩と二人で「よし、行け！」「あー、またダメだー」と応援していると、ついにコウモリは窓をくぐり抜け、雨の上がりかけた夕暮れの空へと飛び出して行った。

夜間戦闘機・コウモリ

　コウモリは不思議な動物だ。哺乳類（ほにゅうるい）の中で、いや、脊椎（せきつい）動物の中で、鳥類とタメを張って動力飛行を行うのはコウモリしかいない。空中で餌を捕まえるという無茶なことをやるのも、鳥とコウモリくらいだ。トビヘビもトビトカゲもムササビもモモンガもヒヨケザルも、敵から逃げる時や、木から木へ移動する時に滑空するだけである。

コウモリというとむやみにパタパタして効率の悪い飛行体に見えるかもしれないが、ああ見えて運動性は極めて高い。小回りという点では鳥にひけを取らないどころか、短い体長を生かしたアクロバティックな機動は、むしろ鳥を上回るほどだ。夜間飛行に特化することで、鳥と競合しないように進化したのがコウモリである。夜空を飛びながら昆虫を捕食することに限れば、コウモリは鳥よりもはるかに上手だ。昆虫だけでなく、ウオクイコウモリやユビナガホオヒゲコウモリのように、水面直下を泳ぐ魚を探知して、水面をかすめて飛びながら魚を捕食するものまでいる。まあ、捕食者のいない島ではコウモリも飛ぶのをやめて、あの歩きにくそうな体で地面を歩いて昆虫を食べていたりするそうだが。

コウモリは人に聞こえる声も出すが（キッキッキッ、というような声が聞こえる場合がある）、有名なのは闇夜に餌を探すための超音波だ。イルカなどと同じく、エコーロケーションと呼ばれる。なお、昼行性のオオコウモリ類は超音波を出さず、

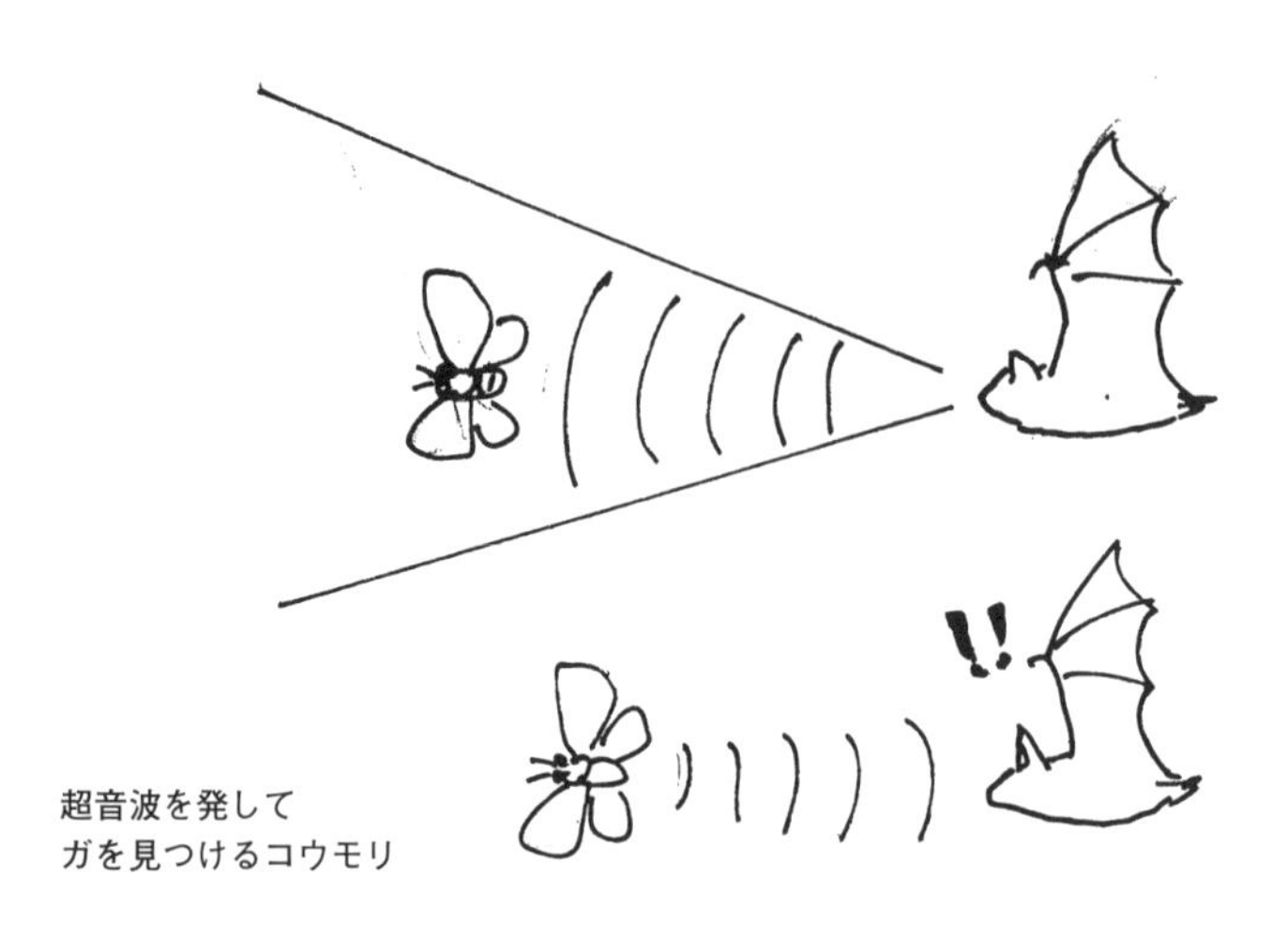

超音波を発して
ガを見つけるコウモリ

視覚や嗅覚で果実を探して食べている。また、細かいことを言えば、コウモリの超音波にもいくつか種類があって、生活環境によっても違いがある。

　コウモリが超音波を発すると、音は前方に向かって飛んで行く。前方がただの虚空なら音はそのまま消えて行ってしまうが、何かが空中にいた場合、それに当たった音波が跳ね返ってくる。これを聞いて相手の存在を知るのが、エコーロケーションだ。原理としては、人間の発明したレーダーに似ている（レーダーは電波を使うが）。あるいは、闇夜に向かって懐中電灯を照らす、と言ってもよい。この場合は音波ではなく光だが、「何かに当たって跳ね返って来た光だけが見える」という原理は、やはり同じである。

だが、考えてみたらこれは恐ろしい能力だ。まず、指向性の高い超音波を作り出して効率よく発射しなければならない。コウモリの声の音圧はかなり高い。つまり、人間には聞こえないが、体に見合わないほど大声を出しているのだ。大学生の時に、動物行動学者の日高敏隆（ひだかとしたか）先生が講義で話しておられたが、アメリカの洞窟でコウモリの群れとすれ違うたびに、耳の奥にガツンと衝撃を感じたという。ちなみに、その大声を一番近くで聞いているのは鳴いているコウモリ本人なのだが、彼らは自分の耳を守る能力も、ちゃんと持っている。例えば、超音波を発振する瞬間は聴覚の感度を瞬間的に下げるなどだ。コウモリの声は断続的なパルスで、連続して鳴いているわけではない。

音を出したら、今度は跳ね返って来た音を正確に捉えなくてはいけない。音の角度を正確に測定しなければ、相手のいる方向がわからない。さらに、音を発信してから反射してくるまでの時間を測定しないと、相手までの距離がわからない。コウモリの大きな耳は伊達ではなく、こういった「アンテナ」の機能を果たすようにできている。

コウモリの耳の能力はこれだけではない。反射の強さから相手の大きさも判断している。ドップラーシフトを利用して、相手が遠ざかっているか、近づいているかもわかっている（遠ざかる相手からの反射波は周波数が伸び、近づいている相手からの反射波は周波数が縮む・救急車のサイレンの音が通り過ぎた瞬間に低くなるのと同じだ）。また、羽ばたいている昆虫に当たった超音波は、羽の動きによって反射音の周波数に揺らぎが出る。なるべく効率よく餌を得るためには、相手の正体や大きさや動きを知るのは極めて重要だ。

さらに、最初は比較的継続時間の長いパルス音で周囲を探っておき、相手までの距離が近づくにつれて短い音を高頻度に出して正確に捕捉する、という能力もある。コウモリの声と耳は、ほとんど戦闘機のレーダー並の機能を持っているのである。

この結果、コウモリは暗闇でも、数メートル以内にいる虫を探知して追いかけることができる。彼らの体長がせいぜい10センチだということを考えれば、人間にとっての50メートル圏内くらいに相当するだろうか。我々が懐中電灯を持って歩くより、よっぽど周囲がよく「見えて」いるわけだ。彼らは目の前の反射に反応するだけでなく、周囲を探査して何匹もの虫の位置を把握し、効率よく捕食できるように飛ぶことも知られている。

もっとも、昆虫の方も、黙ってやられているわけではない。現代の軍用機や軍艦にはステルスと呼ばれる技術がある。一般には対レーダーステルス、つまりレーダーに捉えられにくい技術をさしている。電波吸収素材を使ってレーダー電波を吸収したり、逆に電波を透過させてしまったり、命中した電波を斜めの方向に弾いてアンテナに戻らないようにしたり、様々な方法がある。

甲虫の中には、体がビロード状の毛に覆われたものがある。これには様々な理由が考えられるが、一つの仮説は、対コウモリ・ステルスだ。命中した超音波を柔らかい毛で受け止め、跳ね返さないようにしている、というものである。コウモリに聞き取れないほど小さな反射音しか帰さなければ、コウモリには「見えない」。もし探知できたとしても、「こんな弱い反射は、取るに足りない小さなヤツだ」と判断を誤ってくれるかもしれない。これは軍事におけるステルスと全く同じ役割である。

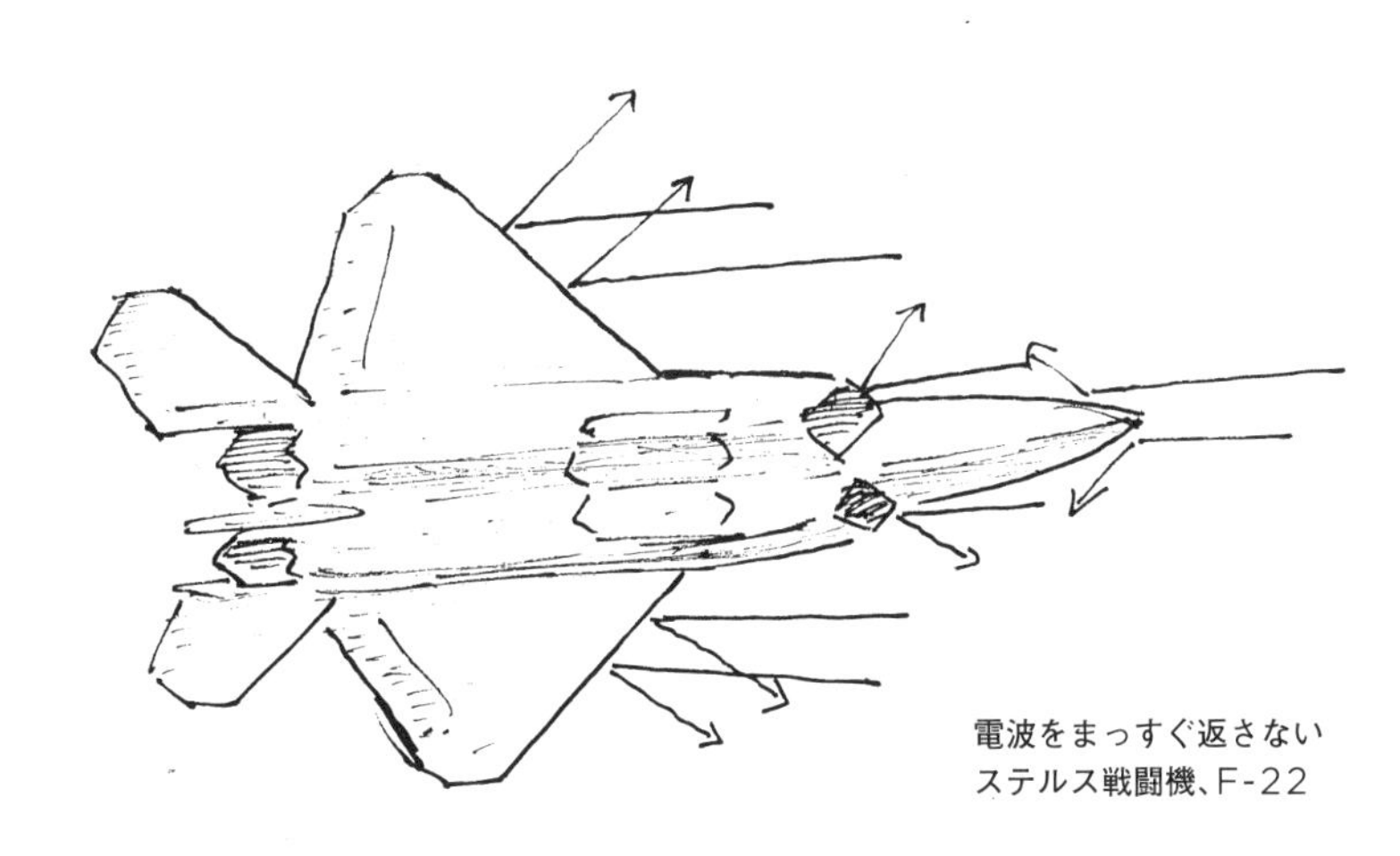

電波をまっすぐ返さない
ステルス戦闘機、F-22

では、探知されてしまったら昆虫は一巻の終わりか？　これも違う。軍用機なら、相手の攻撃を感知した途端に回避行動をとる。そのために、敵のレーダー電波を逆探知するアンテナと警報システムを持っているのが普通だ。これはレーダーそのものより遥かに単純で安価で小さなシステムなので、レーダーを積めないようなローテクで安価な機体にも装備することができる。

昆虫も同じだ。ガの仲間は超音波を「聞く」ことができるものが多いが、これはコウモリに対する早期警戒装置だと考えられている。実際、超音波を探知した途端に動きを止めたり、急降下してコウモリのロックオンを外したりするものが知られているからである。ヒトリガの中には、自分から音を出して、コウモリのエコーロケーションを妨害するものもいる。具体的にどう妨害されているかはまだ解明されていないようだが、恐らく、ニセの反射音を重ねることで目標がダブって見えるか、あるいは反射が戻って来る時間を計測できなくなって、距離感を狂わされているのだろうと言われている。こうなると完全に電子戦機、敵のレーダーとの騙し合いである。

夕暮れに踊る影

コウモリは嫌われることも多い動物だ。パッと見るとどういう姿をしているのかよくわからないし、狭い隙間に密集していたりするし、ちょっと気持ち悪い顔をしているものもあるし、獣のくせに空を飛び、鳥のようなのに夜行性という「裏切り者」感もあるし、その辺が嫌われる理由だろうか。

私もコウモリにギョッとしたことは2度ほどある。ただし、夜行性の小型コウモリではなく、オオコウモリだ。

1度目は高校生の時、とある熱帯魚屋でのことだった。むわっと暑い店内の水槽を見て回ったあと、ヒョイと上を見ると、棚の上に鳥籠(とりかご)が置いてあった。何だこれは？　と思って踏み台に乗って覗いてみると、何やら黒い紙を巻いたような、おかしなものが吊り下がっていた。下まで全部見えないが、大きさは30センチくらいか？

背伸びしたら全部見えた。その途端、そいつがスルリと「紙」をほどいた。紙なんかじゃない、これは皮膜(ひまく)、コウモリの翼だ。下から覗いている私の目の前に、鳥籠の天井から吊り下がったオオコウモリの顔があらわになった。ケモノらしい鼻面の向こうの、メガネザルのような真ん丸で茶色い目が、私をじいーっと見た。まさに、身に纏っていたマントを広げたドラキュラだった。正直、踏み台から転げ落ちそうになった。

次に驚いたのは、博物館に勤めだした後、石垣島にカラスの調査に行った時である。朝イチの高速船に乗るため、夜明けの市街地を石垣港に向かって歩いていた私は、電線に何か黒いものを見つけた。む、これはオサハシブトガラスか？　それにしては電線からぶら下がっているようにも見えるが。

双眼鏡を向けた次の瞬間、視野の中でバサリと黒い翼が広がり、電線で休んでいたクビワオオコウモリが住宅地の上を飛んで行った。

……忘れていた。沖縄にはコイツがいるんだった。

一方、中国では、コウモリは幸運の象徴とされている。コウモリを漢字で書くと蝙蝠だが、中国語の発音では「ビアンフー」となる。これが「偏福」と音が似ているため、「福来る」の象徴とされているからである。

秋葉原、昌平橋の上で見上げた夜空をヒラリとアブラコウモリが舞っている。人間の思惑なんか関係ない。彼らは、東京上空で人間には聞こえない攻防を繰り広げる、ハイテク戦闘機だ。

それなりにスウィート

ハシボソガラスのオスは巣まで入り抱卵中のメスに直接給餌します。

台風の夜

ヤモリ、オオミズアオ

台風来襲

ネットニュースに台風情報が上がっている。リンク先に飛んで、天気図と衛星画像を確認。太平洋を北上しつつ東京をかすめそうだ。早めに帰った方がいいだろう。足もとだけは雨でも大丈夫な靴を履いて来ている。

最近の台風は強すぎる、なんていつも言うが、これは「いまどきの若いものは」と同じだ（平安時代から言われている）。考えてみたら、子供の頃、台風はもっと怖いものだった。停電もあったし、窓が吹き飛びそうな吹き荒れ方だった。実際、ガラスが割れたの、瓦が飛んだの、そういう話は近所でも聞いたことがあった。

「ちょっと危ないな」

父がこう呟いた時は、本当に危ない場合がある。そうでない時もある。だが、妙に考え深げで物知りなので、当たろうが当たるまいが、父のこういう発言は聞いた方がいい気がする。台所にいた母が振り向いた。

「雨戸しめた方がええ？」

「そないに慌てんでもええ。飯食うてからでええやろ」

「そうか、ほな、ご飯、先食べよか」

脅すようなことを言うわりに、父は急いで何かをするということがない。ギリギリまで慌てず騒がず、最後の瞬間にスッと間に合わせるのがカッコいいと信じている節がある。ちなみに、そんなにピッタリとタイミングが合うことはめったにない。だいたいは早すぎるか遅すぎる。そのたびにちょっとしかめっ面を見せる。

母は戸棚からロウソクを取り出している。私は嬉々として懐中電灯を並べた。単一乾電池6個を飲みこむ巨大なやつが一個、昔ながらの「懐中電灯」が1個。電池を取り出して点検し、スイッチを入れて点灯を確認。

両親は水の話をしている。

「水ためといた方がええ？」

「まあ、そこまでせんでもええやろ」

「けど断水したらイヤやで。おトイレとかどないすんの」

「ほな、どっかためとくか。そないにぎょうさんいらんで」

断水、というのはあまり記憶がないが、そういえばあったかもしれない。とにかく、台風が襲来したらあれもこれも全部止まる、そんなものだった。ずっと昔に停電した時、閉め切った蒸し暑い部屋の中で、ロウソクを灯した記憶がある。クーラーなんてものはなかった。他所のお宅にはあったかもしれないが、うちは皆、冷暖房が嫌いなので、取り付けようとも思わなかった。夕食は確か、缶詰のカレーだった。ガスは使えたので、それで温めたのだろう。飯は炊飯器に残っていた冷ご飯である。電子レンジというものもなかったし、あったとしても停電だから使えない。缶詰のカレーだけでは寂しいと思ったのか、母がソーセージの缶詰を出して、ソーセージカレーにしてくれた。

そう、缶詰のソーセージ！　あの、ちょっと妙な臭いがして、塩辛い水に浸かった、ぶつ切りのソーセージだ。プルトップではなく、缶に突き刺してキコキコやる缶切りで開けると、白い切り口を見せて、ソーセージがぎっちり並んで入っている。これをカレーに入れて、食べる。あまりおいしいものではないのだが、非常事態な感じは全開だった。

明日まで大雨が続いて、学校休みにならへんかな。台風の接近が明日の朝6時か7時になるの、祈ろ。はよ抜けすぎて午後から来いって言われても嫌やし、遅すぎて雨の中を登校するのも嫌や。

「これ、使うか？」

父親が笑いながら、ミニチュアのランタンを持って来た。「山の想い出」と書いてある、掌(てのひら)サイズのランタンだ。小さいが、構造は実用品と同じに作ってある。いつだったか、父が登山のお土産に買って来てくれたものだ。

「それ、使えるん？」

「そら使えるで。理科の実験でアルコールランプ使うやろ？　あれと一緒や」

そう言いながら、父はガラスのカバーを外し、芯を抜くと、ハクキンカイロ用のベンジン（燃料）を戸棚から出して来て、そっとランタンに注いだ。

「昔は家でも普通に使(つこ)うてたんやで。このホヤがススついて真っ黒になってな。それ磨くのが子供の

ミニチュアの
ランタン

仕事で、ようやらされた。あれイヤやったな」

「そんなんしたん？」

「本物は大きいからな、子供の手やったら、中まで入れられるやろ？　けど、この曲がってるとこが拭きにくいんや」

そう言いながら芯の長さを調整し、百円ライターで火をつけた。ランタンにポッと火が灯った。

「まあいらんやろけど、停電したら使おか。気分だけやけどな」

守宮様と私

埃と蜘蛛の巣にまみれた雨戸を戸袋から引っ張りだし、ガラガラと音をたてて閉めた。注意しないとアシダカグモやヤモリが隙間に潜んでいる。潜んでいるのは全然構わないが、潰したらかわいそうだ。

「あ、ヤモリおった」

雨戸の内側にへばりついていたヤモリが、いきなり明るいところへ引っ張りだされて、あわててピョンと飛び降りた。絨毯の上に着地して、ペタペタ走って逃げよ

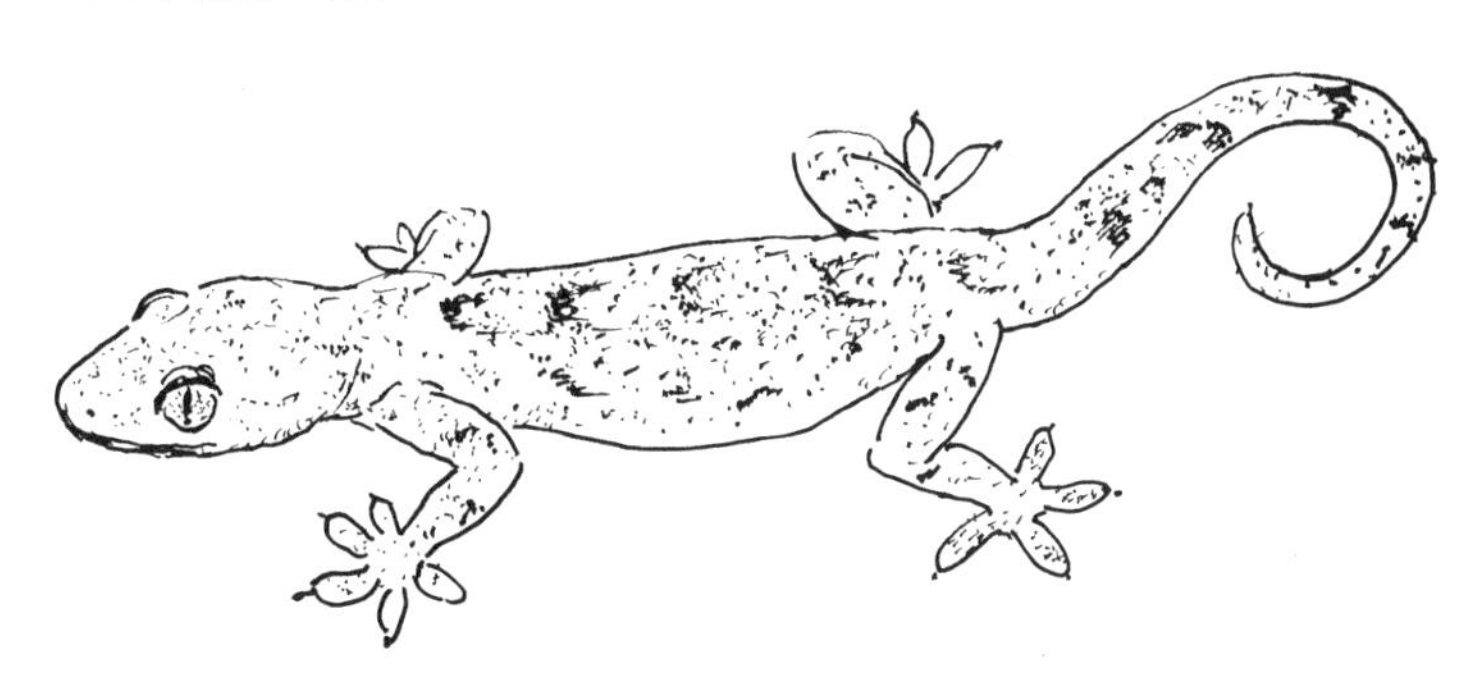

雨戸にへばりついていた
ヤモリ（別名：守宮）

うとする。が、忙しそうに見えるわりに、手で捕まえられる速さだ。

　彼らの指は木の葉のように平たくて、ガラス面にも吸着して歩く事ができる。指にあるヒダのような構造は吸盤ではなく、指下薄板（スパチュラ）というものだ。指下薄板には繊毛が生えており、これが吸着力を生み出している……というところまでは私が子供の頃の図鑑にも書いてあったが、現在の知識を援用すると、ヤモリは繊毛の先端とガラス面の間に働くファンデルワールスカ（分子間力）を利用して貼り付いている。壁面を歩くヤモリを支えているのは、分子レベルのミクロな力なのだ。そう言われても何のことだかわからないと思うが、私だってさっぱりわからない。人間には到底実感しえない、極小の世界の話だ。

動物全体の中で考えれば、人間は相当に大きい。体重が何十キロもある動物なんてそんなにたくさんはいない。多分、ファンデルワールス力で付着するような世界の方が、動物界では普通なのだろう。

ヤモリは垂直な面でも歩ける代わりに、地面を蹴るように走るのは苦手だ。一歩ごとに指がぺたぺたと貼り付いてしまうようで、体を大げさにくねらせてジタバタ、ぺたぺた、ぱたぱたと忙しく足を動かすのに、いまひとつ前に進まない。

上から手で抑えてヤモリを捕まえる。生ぬるくて、皮膚が薄くてサラサラしている。ヘビの固い鱗(うろこ)とも、トカゲのツルツルした表面とも違う、うっかり力を入れると潰してしまいそうな体だ。捕まえると口を開けて威嚇(いかく)する。指を出すとムキになって噛(か)み付くこともあるが、まるで痛くない。だが、かすかに指に何かがひっかかるように感じるのは、細かな歯があるのだろう。まん丸い、琥珀色(こはくいろ)のヤモリの目はいつ見ても不思議だ。縦長の瞳はネコとは違い、3つの丸をつないだような形をしている。

ともかく、今はお引き取り願おう。ガラス戸を開け、強い風の吹き始めた戸外にヤモリを逃がす。ヤモリは壁をぺたぺたと歩いて、戸袋の下に逃げこんで行った。

夏の窓辺には、いろんな昆虫やヤモリがやって来るものだった。

夏休みの夜、ぼうん、と網戸が音を立てた。かすかに「ジジッ」と声がしたからだいたい正体はわかっている。

「なんか来たん？」

「アブラゼミ」

せめてコクワガタでも来たらええのに。コクワガタ、カブトムシ、時にはシロスジカミキリだって窓辺にやって来る。そう思っていたら、網戸の縁をスルリと滑るように何かが動いた。

ヤモリや！　何狙ってんねやろ。セミかな。あんなん、おっきすぎるけどな。

ヤモリは白い腹をこちらに見せたまま、窓の桟（さん）を伝って身を隠しながら移動してきた。そこから慎重な足取りでガラスの上に足を進める。どうやら、狙っているのはセミではなく、小さなガだ。一歩ずつ、足を踏み出してはグッと押し付けて指先を固定している。足を上げる時は指を閉じるようにスッと引き抜く。これが吸着と開放のメカニズムなのだろう。尻尾の先がクルリ、クルリと巻くように動いている。まるで獲物に忍び寄るネコだ。かすかに顔を左右に動かしている。片目ずつ目標を見て、確かめているのだろうか。

ヤモリはガの数センチ前で動きを止め、胴体を曲げながら、下半身をじわじわと引き寄せた。次の瞬間、小さな「タン！」という音がした。ヤモリが縮めた体をバネのように伸ばして飛びかかり、ガをくわえた勢いでガラスにぶつかったのだ。真横ではなく、わずかだが、ガの頭上から口を叩き付けるように襲ったに違いない。見事、ガはヤモリの顎（あご）にがっちりとくわえられていた。そのまま何度か口を動かすと、ヤモリは餌（えさ）を飲みこんだ。それから、口の脇から舌を伸ばして、目玉をぺろん、ぺろんと舐（な）めた。ヤモリの目にはコンタクトレンズのような透明の鱗があり、汚れると舐めて掃除するのである。ガが暴れた拍子に鱗粉がついたのだろう。

２匹目のヤモリが現れた。こちらの方が強いのか、先に来ていたヤモリはスルスルと退散する。

新たにやって来たヤモリは、セミに向かってにじり寄り始めた。じわり、じわり、と歩を進め、少し手前で足を止めると、右目でじっと見て、次に左目でじっと見た。また右目で見て、ペロリと目玉を舐（な）めた。

それから、そっと後ずさると、回れ右して足早に窓枠まで退避した。

うん、お前には無理やで、あれ。

蒼(あお)ざめた影

外では風の唸(うな)りが強まっている。時折、風に煽(あお)られた雨戸がガアン、ガラン、と音を立てる。一瞬、音が止まってから「ザアアアアア!」という音が戻って来ると、止む事なく雨が続いていたのだと思い出した。雨戸を閉める前、風が吹くと、まるでカーテンのように白い雨の幕が動いていた。

父は黙って古いラジオを持って来ると、新聞を見ながらチューニングを合わせ始めた。ニュースをやっていそうな局を探り当てると、電池を温存するためか、そのまま切ってしまう。テレビでは台風の予想進路を示している。

「台風の中心は現在、◯◯あたりにあって、時速◯◯キロメートルで北東に進んでいる模様です」

今ならひっきりなしに更新される衛星画像や、各地から瞬時に集まる観測ポストの情報、さらにXバンドレーダー雨雲画像などを使って、かなり正確に台風の動きを知ることができるだろう。だが、この当時はそんな便利なものが何もなかった。気象衛星「ひまわり」の運用が始まったかどうか、まだ「富士山レーダー」という言葉も頻繁に聞いた時代だ。

フッと明かりが消え、テレビがブツン、ヒュウンという音と共に、ブラウン管に一瞬の残像を残して消えた。父が黙って懐中電灯をつけ、ラジオのスイッチを入れる。

「大したことない、じきにつくやろ」

父が呟いた。父は理科屋だし博識だが、エンジニアではない。ということは「すぐにつくやろ」に別に根拠はないのだろうが、どういうわけか、父のこういう言葉はあまり外れたことがない。

ロウソクとランタンの明かりにぼんやりと照らされた部屋の中で、私は、自分がもたれている掃き出し窓が微かな音を立てているのに気付いた。ほんの微かな、「パタタ……パタタ……」という音だ。わずかな震動も感じる。風でも吹きこんでいるのか。

ひょいと体を浮かせ、身を捻って後ろを見た私は、窓にへばりついた、大きな、青白い影を見た。儚げな、消えてしまいそうに蒼ざめた何かが、まるで窓を叩くように……

「うわっ！」

慌てたついでにコタツを蹴飛ばしたが、それは別に、幽霊ではなかった。オオミズアオという、ガの一種だ。

「うわ、なにそれ！」

母親が声を上げた。

「ガや。オオミズアオ」

「そんなん見た事ないわ。珍しいん？」

「いや、そんな珍しないけど、この辺であんまり見ぃへんな」

テーブルの定位置にいた父親もこっちを見る。

「それなんやて？　オオミズアオ？　へー」


オオミズアオの翼開長（よくかいちょう）は最大で120ミリほどある。黄色と黒のアゲハチョウよりやや大きく、カラスアゲハくらいだから、結構な大きさである。緑がかった水色という薄い色なので、余計に大きく見える。胴体も同じく、蒼白い毛に覆われている。なんでこんな色？　と思うが、昼間、大きな葉の裏に止まっていると案外見つからない。葉っぱの裏は思っているよりも色が薄いものだ。幼虫の食草はバラ科やブナ科の樹木、ということは雑木林があればどこにでも住んでいる可能性はある。だが、奈良ではオオミズアオをあまり見かけなかった。見た事があるのはクワガタを探して夜の森に行った時くらいだ。真っ暗な森の中、クヌギの幹に白く浮かび上がるオオミズアオは不気味だった。その頼りなく弱々しい羽ばたきや、いつこちらに来るかわからない（恐らく本人にも行き先がよくわかっていない）フラフラした飛び方が、予測のつかない不気味さを倍増させた。チョウと違って触れれば壊れてしまいそうな弱さと、そのくせでっぷりと太った胴体は、触るのもためらわれた。みっしりと毛が生えて肉感的で生々しいくせに、けもののような親しさや親近感はない。チョウやカマキリなら、小さくて固くて「こういうもの」と思える。カブトムシならカッチリとして、つまんでも潰れる心配がない。ガの場合、潰れそうなくせに潰したら生々しいだろうと感じられて、それが多分、ガに感じる気持ち悪さだった。

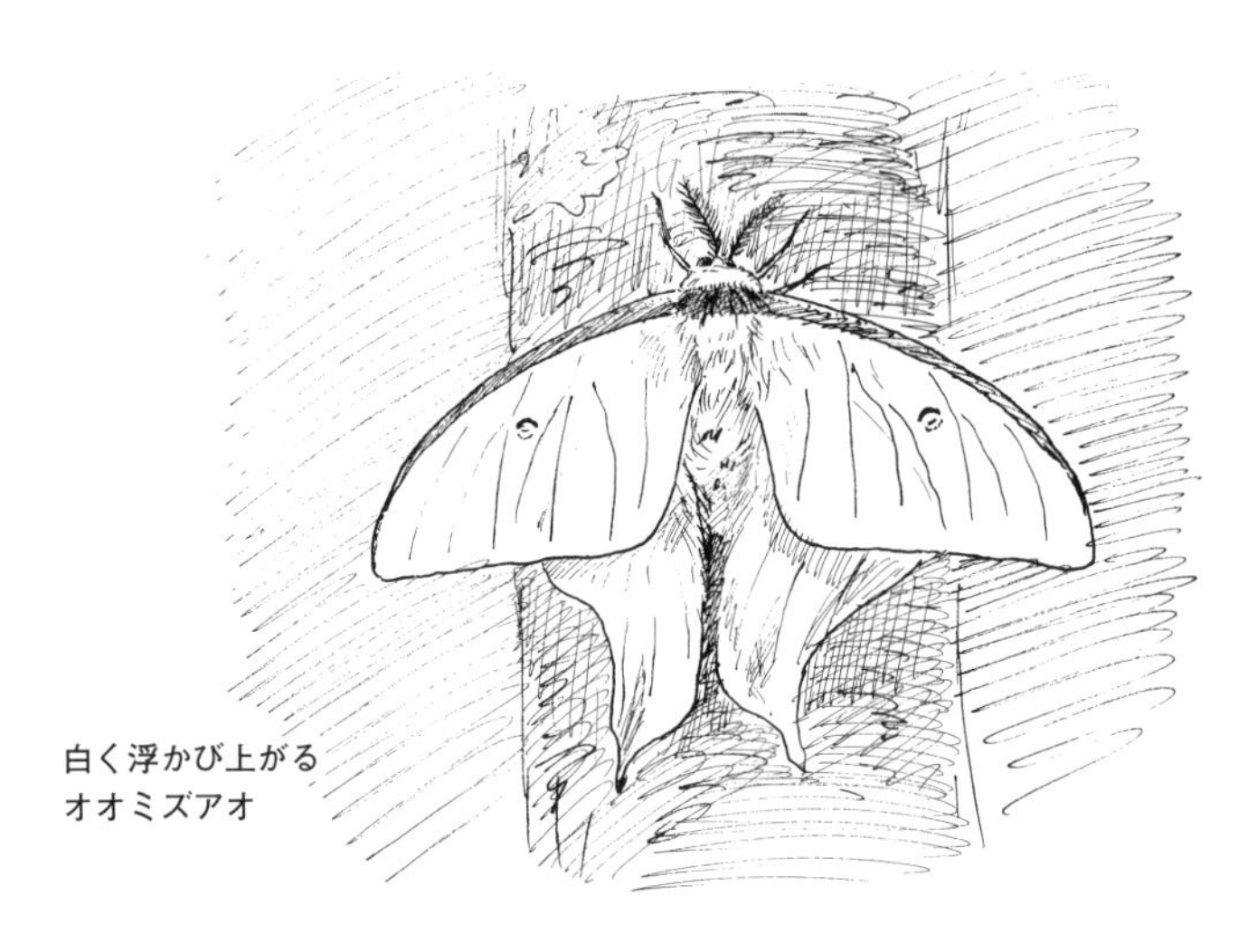

白く浮かび上がる
オオミズアオ

「風よけてきたんかな」

「せやろな。雨戸の間にでも逃げこんできたんやろ」

「どないしたらええん？」

「いや、入れたんやし、雨やんだらまた好きな時に出て行くやろ」

「ほな、ほっといたらええ？」

「ええんちゃう？　雨戸に隙間だけ開けといたら、自分でなんとかするやろ」

螺旋の罠

灯りがついた。テレビがぼわっと明るくなり、画像が復帰する。ただし画面に映っているのは台風情報の静止画だ。

風が収まって来た。先ほどまでガタガタと雨戸を揺らしていた風が、止まって来ている。表から時折聞こえていた、何かが転がったりぶつかったりする音も。

「台風の目やな」

父がニヤリと笑っていった。これが！　確かに、予想進路図の真ん中に奈良市がある。周囲から吹きこんで来た空気が上空に吸い上げられる渦の中心だ。台風の目だけは上空が晴れているのだという。

　そっと外に出てみた。びしょ濡れの地面や壁に、吹き飛ばされた葉っぱが貼り付いている。「遠くまで行くなよ」と言われていたので、玄関のすぐ外で空を見上げる。

　晴れている！　頭の上に星と月が見える。そして、南の方に壁のような雲の塊。あれが台風の雲。顔を巡らせると、見える範囲にずっと、雲の壁がそびえている。そして、あの中を風が吹き荒れているのだ。

　父が「1時間もしたらまた吹くで」と言った通り、台風の目が通過すると、再び風が強くなった。

　天井の灯りに向かって小さな虫がクルクルと回りながら近づいて行き、最後は「カン！」と音を立てて蛍光灯にぶつかる。フラフラと墜落すると、またクルクルと飛びながら近づいて行く。いくら追い払っても決してやめない。走光性といって光に向かって行く性質を持つ動物は少なくないが、まっすぐではなく「クルクル飛び回りながら、最後はぶつかる」ところが無駄にウロチョロしているように見えて、妙に苛立たしい。

　これは昆虫の航法システムによる、一種の事故だ。

　夜行性の昆虫は、しばしば月を頼りに飛ぶ。鳥は太陽や星空を見て方角を決めるが、月を頼りにすることはない。渡り鳥のように何日、時に何週間もかけて長距離を飛ぶ場合、満ち欠けがある上に月の出・月の入の時刻が毎日変わる月は、方角を知るための目標としては不安定すぎるのだろう。

一方、もっと短時間のナビゲーションならば、月を使っても大丈夫だ。昆虫は光源に対して一定の角度を保って飛ぶという、極めて単純な誘導システムを使うと考えられている。例えば、「月が右30度の方向に来るように飛べ」というルールを守っていれば、昆虫は直進することができる。

昆虫がどれだけ飛んでも、月の位置が変わることはない。夜汽車に乗っていて、車窓の月が列車と並走しているように感じたことはないだろうか？ あれは、手前の景色はどんどん角度を変えるのに、月との位置関係がいつまでも変わらない（少なくとも感じられるほどには変わらない）せいである。その理由は、月が極めて遠いところにあるからだ。

例えば、時速１００キロでまっすぐ走る列車があったとしよう。１秒間にほぼ30メートル進む速さだ。この列車に乗って、線路の真横30メートル先の電柱を見ている場合、１秒で45度も角度が変わる。この変化が感じられないわけがない。３００メートル先なら約４・５度まで減る。これもまあ、捉えられるだろう。だが月は？

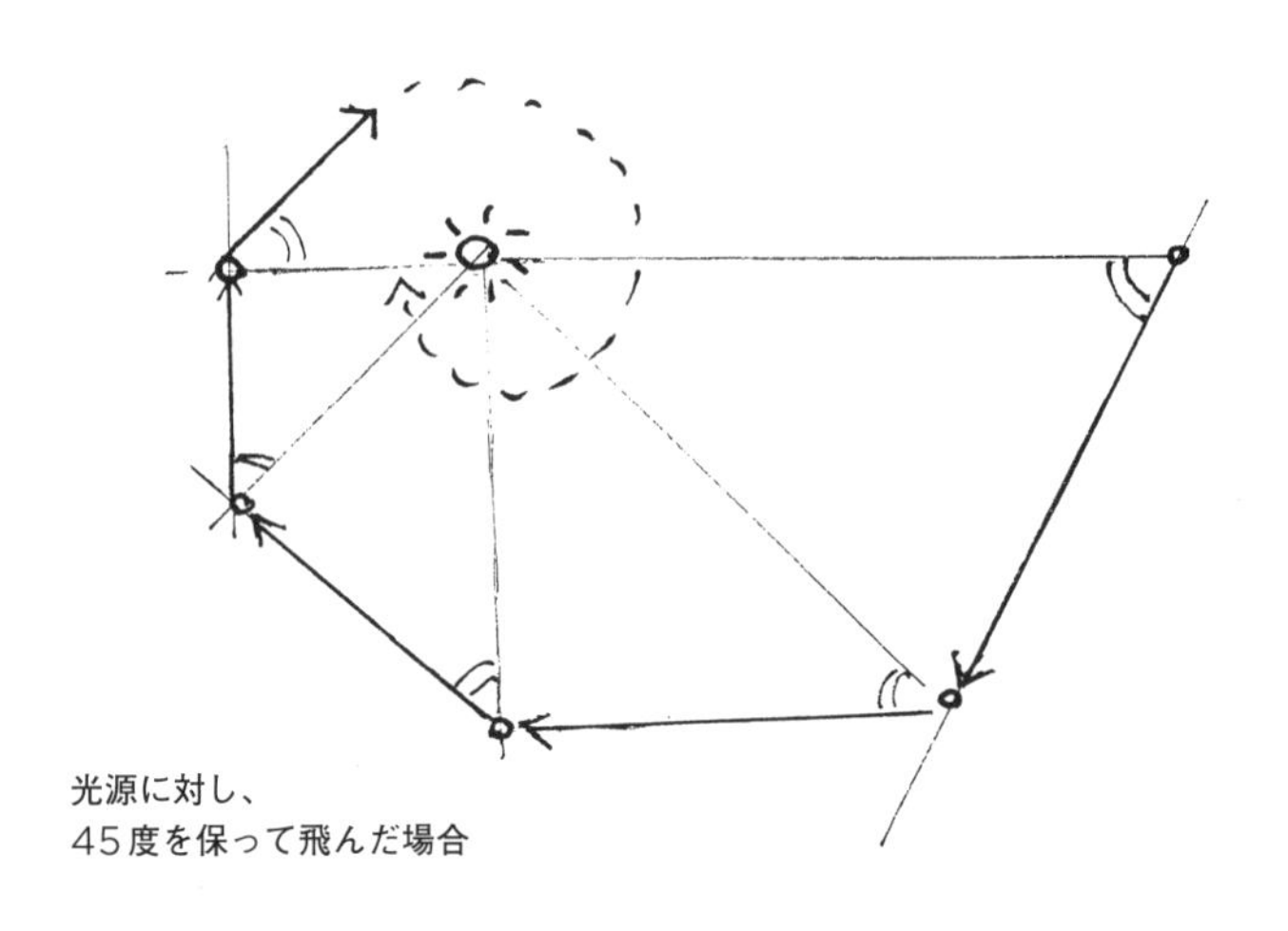

光源に対し、
45度を保って飛んだ場合

月までの距離は36万キロメートル。1秒で0・000001度以下しか変わらない。こんなズレは人間の目には検出できない。つまり、動いていないのと同じだ。だから、「月はいつでも同じ位置に見える」と言ってしまっても、事実上問題ないのである。もちろん、地球の自転に伴って1時間に約15度、その位置を変えるけれども、何時間も飛び続けるのでなければ、特に問題にはならない。

というわけで、月に対して一定の角度を保って飛ぶだけで、短時間なら、昆虫は直進できる。だから、彼らは夜空に浮かぶ明るい光源を目印にするのだ。

だが、この光源が思ったより近かったら、どうなるだろう？

作図してみるとよくわかるので、是非、試してみてほしいのだが、光源に対して90度より小さい角度を保って飛んだ場合、ムシの飛跡は螺旋（らせん）を描きながら光源に近づき、最後は衝突する。

90度より大きい場合は、螺旋を描きながら光源から遠ざかる。光源から遠ざかる場合があったとしても、そういう虫は闇の中に消えてしまうので、我々の目に止まらない。90度ぴったりの場合は、円軌道を描いて光源の周囲を回り続けることになる。

灯りに向かって飛びこみ続ける鬱陶（うっとお）しいムシは、本来ならちゃんと機能するはずだったルールに従っているにすぎない。言ってみれば、光源なんてものを手の届く距離に作り出した人間の犠牲者なのだ。

顎の先から滴る汗。ロウソクの灯り。ランタンの油煙の臭い。台風の進路予想。窓を揺らす風の音。そしてオオミズアオ。

嵐の夜は、まだ終わらない。

出会った頃のように

ハシブトガラスのオスは抱卵中のメスを巣の外に呼び出して給餌します。

空飛ぶものへの憧憬

コサギ、メガネウラ、アビ、ノスリ、カササギ、アオサギ、カラス大学院の時。鴨川の堰堤の際でカラスを見ていたら、目の前に1羽のコサギがやって来た。しばらく水面を覗きこんでいたコサギは、堰堤の上に立ち、向かい風に翼を広げると、トンと地を蹴って空中に飛び出した。たったそれだけで、コサギはフワリと宙に浮き、スーッと飛距離を稼ぎながら降下して、堰堤から10メートルほど離れた河辺にトンと降り立った。人間ならあくせくと歩いてまた下りなければいけない場所に、ヒョイと。ごく当たり前の顔をして。

次に風が吹いて来た瞬間、私は思わず両手を広げ、トンと地を蹴りそうになって、慌ててやめた。あかんあかん、気を確かにもて、自分。

だが、今でも時折、風に向かって両腕を広げたら飛べるんじゃないか、と思ってしまうことがある。

パワポで鳥の輪郭をなぞり、そして……

パソコンのメニューバーからパワーポイントを立ち上げ、新規プレゼンテーションを選択。飛んでいる鳥を真下からとらえた写真をペースト。描画ツールからフリーハンドの曲線を選択。翼の平面形をなぞり、右の翼を描く。今描いた曲線をコピー。ペースト。左右反転。これで左翼もできた。左翼を移動させ、左右を並べる。尾羽はシンプルな形で良いので、二等辺三角形で済ませる。これを翼の後ろに置けば、鳥の平面図になる。

続いて、おおざっぱに「横から見た飛んでいる鳥」っぽい形をフリーハンドで描く。描けたら拡大・縮小して平面図と大きさを合わせる。これをコピペして4枚にする。2枚は途中でスッパリ切り落とすので、斜めに線を入れておく。これで部品図面の完成だ。

職場のプリンターの手差しトレイにケント紙を入れ、描いた部品図をプリントアウトする。描いてある線に合わせてハサミとカッターで切り取れば、部品のできあがりだ。胴体は2枚を貼り合わせ、さらに前半部は4枚重ねにして、頭の方が重くなるようにする。こうしないと重心が合わないし、飛ばして頭から落ちた時の破損防止にもなる。

組み立てた胴体を洗濯バサミで挟んで圧着する。これまでに何度もやってきた作業だ。この後、接着剤が乾くまでしばらく待たなければならない。

航空力学の冷徹

私が最初に空に憧れたのは、いつだったろう。家にあった「飛行機の図鑑」か何かを読んだのが最初だったろうか。

神話の世界では、イカロスとダイダロスが鳥の翼を腕に取り付け、羽ばたいて飛んだ。まさに鳥のように。人間は遥か昔から飛ぶことに憧れてきたのだ。だが、これを実行するのは諦めたほうがいい。鳥の飛翔筋（飛ぶために使われる筋肉）は体重の25%にも達することがある。また、鳥の筋肉の出力は、同じ断面積なら人間の4倍という意見もある。その強力な筋肉をもってしても体重の25%が必要……ちょっと待て、人間がやったら体重の１００%を筋肉にしなきゃいけないってことじゃないか。

生物で最初に空を制圧したのは昆虫類だ。古生代の空は、昆虫の独壇場だったはずだ。メガネウラというトンボは翼開長が70センチもあった。現代では、上手に逃げ隠れしないと鳥に食べられてしまうので、こんな巨大な昆虫はいない。第一、昆虫の持っている呼吸器と循環器系では、あまり大きな体を支えることができない。

昆虫の体にはきちんと張り巡らされた血管というものがなく、心臓から出た体液は何となく体内に拡散して酸素を運ぶ。体が小さければシンプルで良い方法だが、あまり大きな体になると、効率の悪さが目立ってくる。古生代の大気は今よりも酸素濃度が高かったので、巨大昆虫でも何とかなったようだ。

昆虫以外に空を飛ぶ無脊椎（むせきつい）動物はイカくらいだ（敵から逃れるために海面にジャンプすることがある）。脊椎動物では、トビウオ、ハチェットフィッシュなど、水面を遊泳しながら体を持ち上げ、胸鰭（むなびれ）を広げて飛ぶ魚類がいる。両生類、爬虫類にも滑空するものはいるが、自力で羽ばたいて飛ぶものは、現在はいない（トビヘビやトビトカゲは樹上から空中に勢いよく飛び出すが、後は滑空するだけだ）。中生代に栄えた翼竜類は恐竜とともに滅んでしまった。そんななかで、中生代に爬虫類（恐竜）から分岐し、新生代にかけて急激に空の覇者となったのが鳥類だ。

哺乳類からはコウモリという飛行者が生まれたが、鳥と真っ向から対決することはなかったようだ。むしろ、彼らは超音波を使って飛ぶ夜のハンターとして、鳥とは違う方向に進化している。

ヒトは平地の歩行者として進化しており、先祖であるサルが持っていたはずの、「枝の上を移動したり、飛び移ったりする能力」もかなり失っている。我々は完全に二次元の存在となってしまい、三次元の立体機動を把握することすら満足にできない。できるのは指をくわえて鳥を見上げること、そして、飛行機を作って飛ばすことである。

空飛ぶものとの出会い

自分で「飛ぶもの」を最初に作ったのは、たぶん、折り紙飛行機。はっきり覚えていないが、小学校に上がる前からだろう。新聞のチラシを片っ端から折って飛ばした記憶がある。最適なのは、カラー印刷のちょっと固い紙だ。安いペラペラのチラシもいいのだが、半分に切らないと大きさの割に薄すぎてフワフワする。新聞紙はダメだ。薄いし、コシがない。

その次が凧（たこ）だ。タケウチさん——ミカミさんと同じように、当時実家に居候していた書生さん的な人——に教えてもらって、竹ひごとヒノキ棒と障子紙で凧を作った記憶がある。幼稚園から小学校の頃、竹ひごとヒノキ棒とカマボコ板は万能材料で、いつもストックがあった。山で竹を拾って来て割って竹棒を作ったこともある。竹の割り方、削ぎ方は本で読んだし、教えてもらいもした。工具類は（なぜか知らないが）一式、素麺（そうめん）の木箱に詰めこんであった。肥後守、切り出し小刀、ノコギリ、トンカチ、三つ目錐（ぎり）、ヤスリ、サンドペーパー、釘、木ネジ、ねじ回し、ペンチ、ニッパー、モンキーレンチなどだ。

「凧作ろうか」

「乗れるん？」

「それは無理かもなー」

「えー？」

「ごめんごめん、でも、なるべく大きいの作ってみようか」

多分、当時流行った特撮番組『仮面の忍者 赤影』のせいだと思うが、凧といえば人が乗れるくらい大きいものも作れると信じていた。『赤影』ではしばしば、正義の忍者が「影」の文字を染め抜いた巨大な凧に乗って現れるからである。現実には非常に難しいと知った時はショックだった。

冬、稲刈りが終った田んぼは、子供たちの遊び場だ。だだっ広いので、凧揚げも定番だった。凧をちゃんと飛ばすのは案外難しいのだが、自作の凧はよく揚がった。タケウチさんが難しいところは手伝ってくれたし、糸目の調整などもよく知ってい

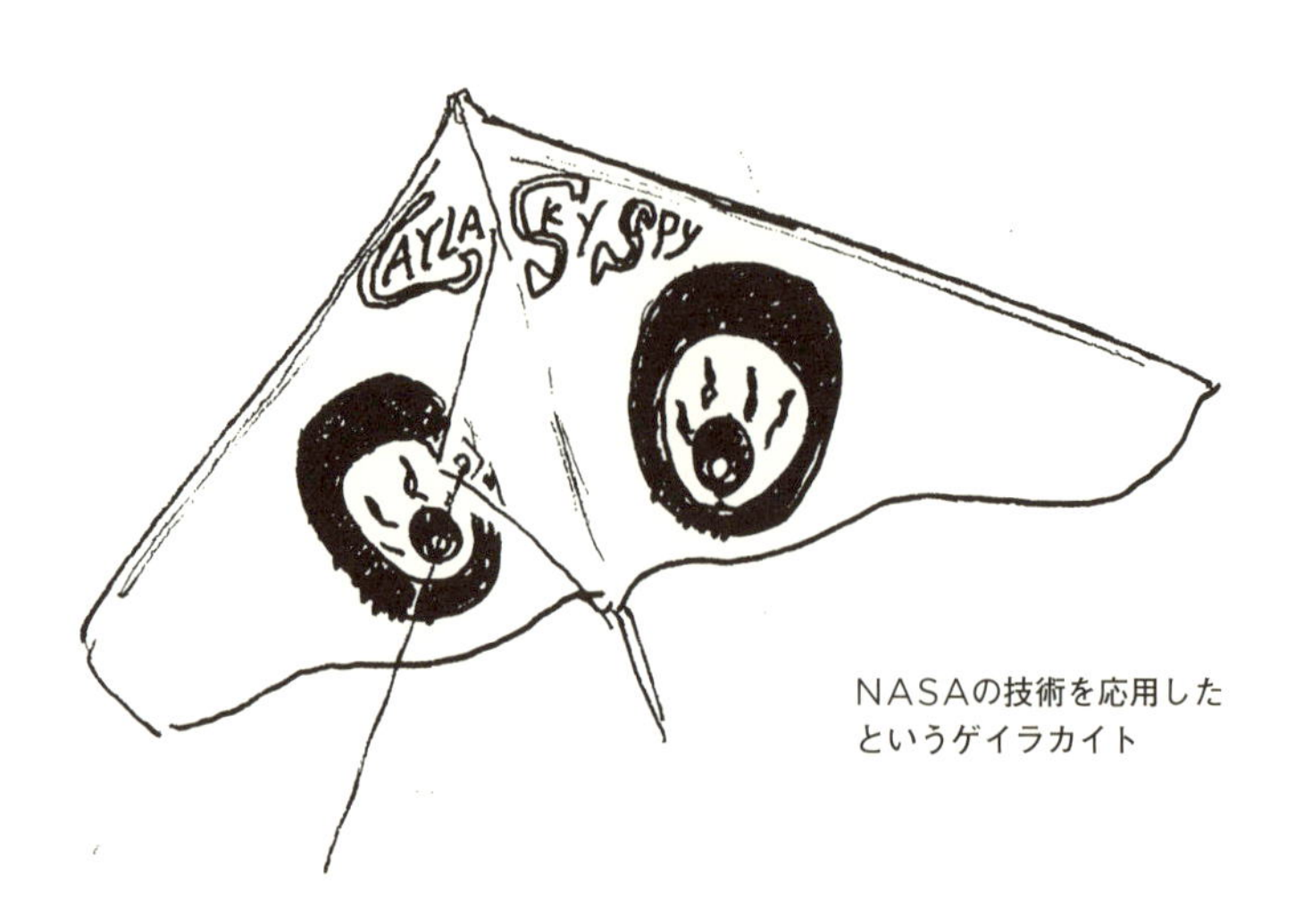

NASAの技術を応用した
というゲイラカイト

たからである。タケウチさんは東京の下町育ちで、昔の子供の遊びは大概知っていた。

　そうやって和凧を飛ばして遊んでいた子供たちの間に、ヒューストンから黒船が襲来した。「ＮＡＳＡの技術を応用した」という触れこみのゲイラカイトである。

　全て加工済みのビニール製の本体にプラスチックの骨を差しこんでジョイントし、ハトメに糸を結ぶだけ。それだけで「げーら」は恐ろしいほど飛んだ。まるで宇宙から飛来したインベーダーのごとく、ゲイラカイトは日本の空を席巻し、小学校の凧揚げ大会でもゲイラを飛ばす奴ばかりだった。

　出来合いの工業製品が飛ぶのは当たり前だ。そんなズルをするのが嫌いで、必死に糸目を調整している手作りの凧を尻目に、周囲のゲイラカイトはスルスルと空に上っていった。デカデカとプリントされた赤い目玉が、米軍の戦闘機に描かれていたシャークマウスのノーズアート（サメっぽい口と目を機首に描いたもの）のようで腹立たしかった。

ある時、ゲイラカイトには敵わないにしても、匹敵するくらいよく飛ぶ凧ができたことがあった。糸を張って強い反りをつけ、その糸に紙製の「唸り」を取り付けた。紙製のテープを二つ折にして糸に取り付け、途中に切れこみを入れただけのものだが、強く引くと風にはためいて「ビイン！」と音が出る。

しかし、強風の中でどれくらい揚がるか試していたら、凧糸がブチンと切れてしまった。凧は糸を数十メートル引っ張ったまま、風に流されてどんどん飛んで行く。谷川の向こうまで行くのは見届けた。その先は林の影に入って見えなくなった。やばい、立ち木に絡んだらどうしよう。

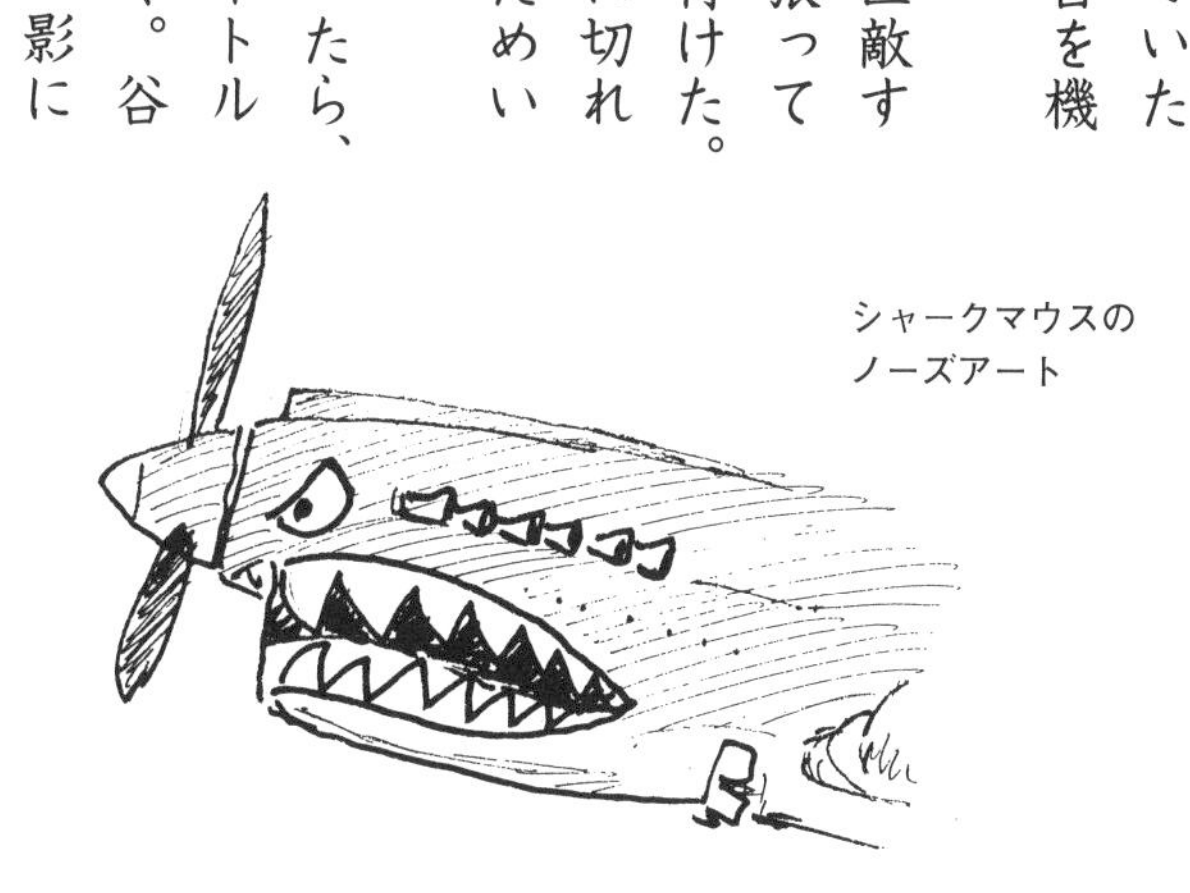

シャークマウスの
ノーズアート

「あっちゃ！」

「川渡ったほうが早いで！」

私たちは凧の後を追って走った。このままずっと行くと、どこまで行くだろう？　お寺まで？　その向こうまで？

川を渡って、向こう側の田んぼに上り、さらに畦道（あぜみち）を進むと、その先の田んぼに同学年くらいの子供が3人いて、凧を飛ばしていた。その凧は、まさに、さっき失った自分の凧だった。この田んぼに不時着して拾われたらしい。

よその学校の、知らない子たちだ。どう声をかけていいかもよくわからないが、近づいていって「それ、ぼくの」と手を出した。彼らも「拾ったということは落とし主がいる」と考えていたのだろう。黙って凧を返してくれた。かくして、この交渉は平和裏に終了した。

そういえば、この時の子供たちとはその後も何度か会ったことがあるような気がする。家までついて来て、一緒におやつを食べて行ったこともあったかもしれない。家にはミカミさん、タケウチさんという書生さん的な人がいて、子供たちが野山に遊びに行く時は、だいたいついて来てくれた。そのせいで、大人も「勝手に行っちゃダメ」とは言わず、書生さんを先頭に（あるいは引き連れて）、近所のガキどもが何人もぞろぞろと歩いていることがよくあった。子供の集団が通れば、さらに仲間が増える。途中で出会う子供たちも特に会話もないままついて来てしまって、家に10人くらい子供がいることさえあった。母親がチョイチョイと手招きして、「あの子だれ?」「知らん、あっちの田んぼで会うた」なんて会話も、珍しくはなかった。

ヒコーキ野郎、そして「豚」

小学校の頃、テレビの洋画劇場で、空を飛ぶ夢をそのまま描いたような喜劇映画を見た。革の飛行帽とゴーグル姿の冒険飛行家たちが吹きっさらしのコクピットに座って、羽布（はふ）張りの機体を必死に飛ばしていた時代の物語だ。世界中からさまざまな飛行機がレースに参加し、ドーバー海峡を渡って最後は凱旋門広場（がいせんもんひろば）に着陸する。そう、『素晴らしきヒコーキ野郎』である。

この映画では日本からもヤマモトというパイロットが参加することになっており、石原裕次郎が演じている。それはともかく、2時間枠のテレビ版ではカットされているシーンをずっと後に見たら、ヤマモトが参加を決めるところがあった。彼は日本の飛行学校で将来を嘱望されており、校長がこのレースに参加を勧めるのだ。

こう書くとごく普通だが、実際は少林寺拳法の訓練でもしていそうな山寺で、仙人のようなヒゲのお師匠様に命令されている、怪しげなニッポンの風景であった。背後ではニンジャのような生徒たちが大凧に乗って飛ぶ訓練をしている！　なあんだ、凧に乗って飛びたいのは自分だけじゃなかったんだ、やっぱり。


『素晴らしきヒコーキ野郎』の後、ワクワクするような飛行機映画には出会わなかった。空も飛ぶし海も走ってワクワクする『チキ・チキ・バン・バン』はあるが、さすがに主役が自動車では、飛行機映画とはいいにくい。『ヒコーキ野郎』が最高傑作かなあ、と思っていたら、大学に入った年に一大傑作に出会った。そう、『紅の豚』だ。

なんといっても、あの、無人島の秘密基地がいい。調子の悪いエンジンをなだめすかし、水上滑走のために向きを変えると、プロペラの風圧で雑誌がめくれ、グラスが倒れ、ついにはパラソルとテーブルが吹き飛ぶ。だが、これはまだ「移動するため」だけの出力。広い海面に出た後、セイフティノッチを解除してスロットルを全開。途端、ドン！　と水しぶきを蹴立てて、くびきから解き放たれた真っ赤な飛行艇が滑走を開始する。

これだけの描写で航空エンジンの持つ圧倒的な出力が嫌でもわかってしまう、メカ好き男子が身もだえるシーンである。そこから飛行機雲を引いた真っ赤な飛行艇が積乱雲（せきらんうん）の間を旋回して飛び去るラストシーンまで、もう目が離せなかった。映画館で身じろぎもしないまま見終わり、そのまま居座って、もう1回見た（当時の映画館は完全入れ替え制ではなかった）。2回目は1回目に見逃した部分を確かめるつもりで見て、3回目はまた視点を変えて見たかったのだが、それでその日の上映が終ってしまった。仕方ない。頭の中で台詞と場面を反芻（はんすう）しながら、家に帰った。

ジブリ作品で何が好きと言われたら、ためらわずに『紅の豚』と答える。アホな男共と飛行艇が空を駆ける、それだけで十分。飛ばない豚はただの豚だが、男の子を忘れた男もまた、ただの豚だ。

あ、失礼。ブタは大変きれい好きなうえ、賢い動物であることは知っている。

水上飛行機と水鳥

ところで、飛行機の翼の大きさが時代や機種によって全く違うのをご存知だろうか。1903年に初めて有人動力飛行に成功したライトフライヤー1号は、「翼が飛んでいる」といった姿だった。一方で1950年代に開発され、「究極の有人戦闘機」と呼ばれたともいうロッキードF-104は「ミサイル？」と思うくらい小さな翼しかつけていない。

飛行機の重さを翼の面積で割ったもの、つまり「翼が単位面積あたりどれだけの重量を受け持たなくてはいけないか」という指標を翼面荷重という。同じ重さの飛行機でも、翼が大きければ翼面荷重は小さくなり、翼を小さくすると翼面荷重は大きくなる。飛行機の翼面積は、この翼面荷重に基づいて設計される。翼面荷重の大小によって、飛行機の性格は全く違うものになるからだ。単純に言えば、翼面荷重の小さな飛行機は低速でも飛べるし、大量の荷物を積みこんでも飛べる。しかし、大きな翼は空気抵抗の原因でもあるので、翼面荷重の小さな機体は高速を出すのが苦手だ。

かつて、水上飛行機が普通の陸上機よりも高速な時代があった。まさに『紅の豚』の時代、シュナイダーカップが行われた、大戦間の時代である。当時の高速機は空気抵抗を減らすため、うんと小さな翼を付けていた。だから、ゆっくり飛ぶのが苦手だった。翼から発生する揚力は速度の二乗に比例する。高速なら翼が小さくても飛んでいられるが、うっかり速度を落とすと揚力が不足し、機体を支えきれずに墜落するのである。ということは、滑走を開始して浮き上がる速度に達するのに時間がかかるし、着陸する時も非常識な高速で滑(すべ)りこまないといけない。ところが、当時の飛行場は未舗装が常識で、現代のようにビシッと平坦な滑走路が何キロも続いているわけではなかった。これでは滑走距離が足りない。

そこで考えられたのが、穏やかな水面なら好きなだけ滑走できる、というアイディアである。かくして水上競速機がいくつも開発されたが、その終着点であるマッキM.C.72は、フロートという巨大な邪魔物をブラ下げているにもかかわらず、最高時速７０９キロ。同時代の陸上機の記録より時速１４０キロ以上速かったのだ。

最高時速709キロのマッキM.C.72

もっとも、間もなくフラップやスラットといった高揚力装置……小さな翼でも必要な時だけ揚力を高めて安全に離着陸できる装置……が一般化し、ほんの5年でマッキM.C.72の記録は陸上機に破られてしまうのだが。

鳥の場合は翼を縮めたり畳みこんだりできるし、羽ばたき方や体の起こし方で推進力の方向も変えられるから、飛行機と全く同じ飛び方をするわけではない。だが、水上飛行機を見る目で水鳥を見ていると、「あ、こいつら低速が苦手だ」と思うことはある。水面に下りて来るカモは滑空状態でアプローチしながら翼を下げ、左右にフラッ、フラッとローリングしている。おそらく翼端(よくたん)で失速が始まっているのだ。次に体を起こし、力強く羽ばたきながら、足を突き出して水面に迫る。飛行機で言えばフラップダウン、ギアダウン、エアブレーキ開といったところ。最後に足を水に突っこんで水しぶきをあげて急減速し、瞬時に翼を畳んで水面に滑りこみ、スーッと滑走する。そして水しぶきの中から、頭をプルプルして水滴を払い落としながら、澄ました顔でカモが現れるわけだ。だが、滑走がいるような速度で突っこんで来るということは、こいつらは翼面荷重が高すぎなのでは?

そう思って計算してみると、水鳥は同程度の体重の陸生鳥類に比べ、かなり翼面荷重が大きいことがわかった。やはり水面を利用して離着水できるぶん、水鳥は翼が小さいのだ。

中でも翼面荷重が際立って大きいのはアビの仲間である。彼らは水中で魚を追いかけて食べている上、営巣も水際なので、陸上に下りる必要がほとんどない。そもそも、脚がうんと後ろの方にあるので、陸地をまともに歩けない。いわば、完全に水上飛行機、あるいは飛行艇となったのがアビ類というわけだろう。

逆に翼面荷重が小さいのはタカの仲間である。獲物を追って急旋回しなくてはいけないし、捕らえた獲物を掴(つか)んだまま飛ぶ必要もあるからだろう。一方、高速で獲物に向かって突っこむ必要もあるわけだが、そこは翼を畳んで面積を減らすことで対応しているのだろう。

ゆっくり飛ぶのも難しい

鳥の手首関節のすぐ先には小翼羽(しょうよくう)(アルーラ)と呼ばれる固い羽がある。ちょうど親指の位置だ。風切羽(かざきりばね)よりもうんと小さいが、羽の前後が対称形でなく、微妙な曲面を持っているなど、飛行に関わる羽であることが伺える。

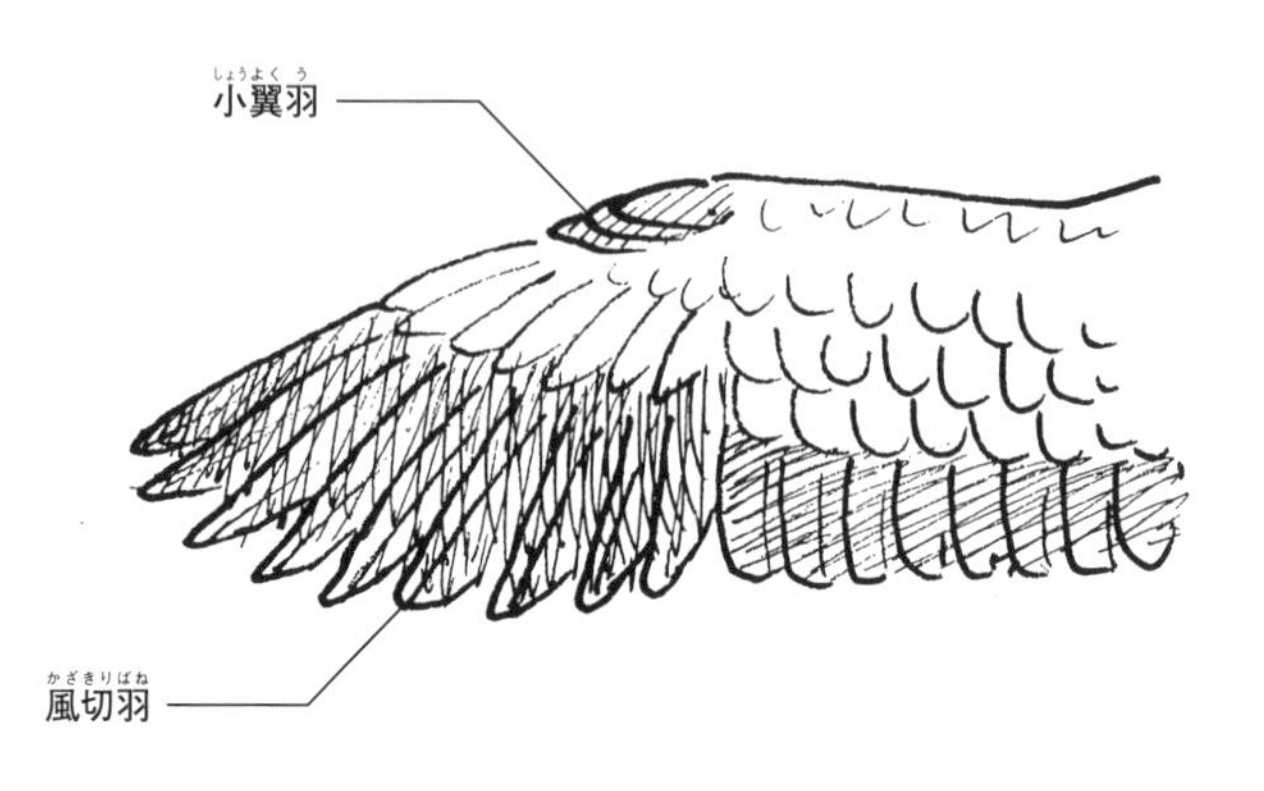

滑空してきたノスリ（カラスくらいの大きさで、ずんぐり、のほほーんとした猛禽類）が速度を落とし、向かい風に乗ったまま空中停止する様子を写真にとったことがある。最初、ノスリは翼を縮めて滑空していたが、速度を落とす時は翼を広げ、尾羽も展開した。そして、さらに速度を落としながら小翼羽を開き、翼の斜め上に突き出すようにしながら、向かい風に乗って空中停止した。

速度が落ちると作動する……飛行機好きならピンと来るだろう。これは自動前縁スラットと同じ動きである。ただし、小翼羽が失速を防ぐ仕組みは、スラットとは違う。スラットは気流が翼面から離れ始めると翼面に隙間を作り、強制的に風を吹きこんで、気流を整える。一方、小翼羽はボーテックスジェネレーター、すなわち気流の中にわざと邪魔物を突き出して、後方に渦流を発生させる装置だ。

空気抵抗を減らしたい場合、こういった余計な出っ張りは敬遠される。だが、狙った場所に渦流を発生させれば、機体表面から剥がれそうになった気流を整える効果があるので、飛行機やレーシングカーの空力対策として使われる場合がある。現代のジェット戦闘機には、低速・大迎角でも失速しないよう、積極的に渦流を作り出して翼上面に送りこむ、カナードやストレーキと呼ばれる部分を備えたものがある。小翼羽の機能はまさに、こういった失速防止装置と同じなのだ。このことは、実験的に確かめられている。韓国のイ・サンイムらは飼育しているカササギの小翼羽を切り取って、飛行能力を確かめる実験を行った（羽毛なので切っても痛くないし、翌年の換羽でまた生えて来るのでご心配なく）。

まず、カササギの止まり木の下に餌を置く。するとカササギは止まり木から餌に向かってパラシュートのように降下し、餌のすぐ近くに着地する。この時、翼は低速、かつ極めて大きな角度で気流に当たっている。

ところが、小翼羽を切ったカササギはこの飛び方ができず、浅い角度で餌から離れたところに下りて来ると、歩いて餌まで戻った。これは、小翼羽が低速・大迎角という条件で　失速を防止していることを示唆する。

さらにカササギの標本を使い、風洞実験を行った結果、開いた小翼羽の後方には強力な渦流が発生していることが確認された。主翼上面に渦流を送りこむことで気流の乱れを防ぎ、失速しないようにしているわけだ。これが、低速・大迎角で鳥が舞い降りられる秘密だったわけである。

そう思って鳥の写真を眺めてみると、着地寸前の大型の鳥は小翼羽を全開していることが多いのがわかる。大きく重い鳥は翼面荷重が高いぶん、翼上面の気流を上手に制御しながら速度を落とさないと墜落するのだろう。

鳥も天から落ちる

鳥が墜落するというのは（飛び方を練習中の

小翼羽の機能を確かめる
カササギの実験

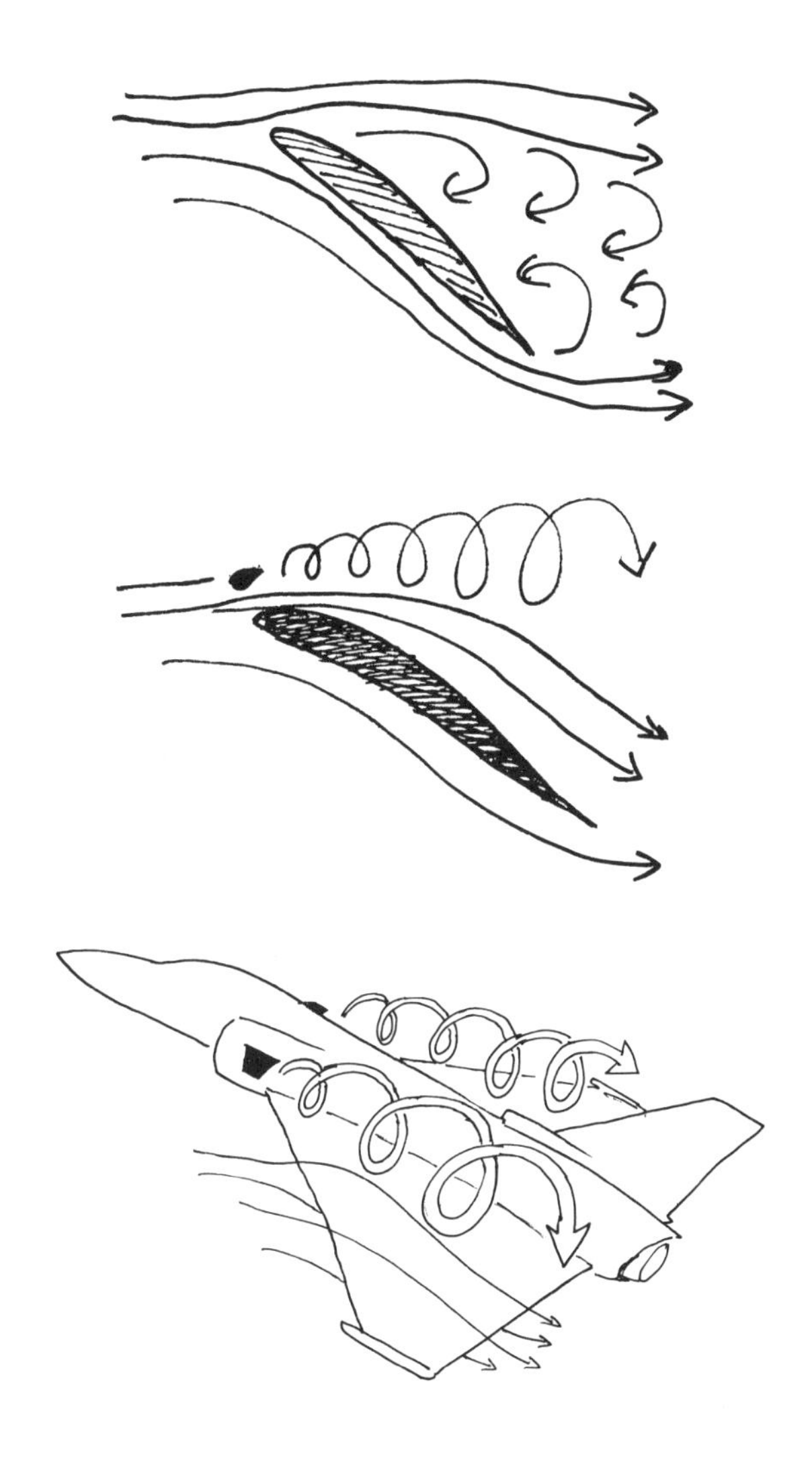

気流が翼面から離れて失速した状態(上)と、小翼羽からの渦流で気流を整えた状態(中)。
航空機にも同じ原理が使われる(下)

ヒナでもなければ）めったにないが、皆無というわけではない。

夏の終わり、河川敷で鳥を観察していた私は、1羽のアオサギが川岸に下りて来ようとしているのに気付いた。この日はものすごい強風だった。

アオサギは翼を広げて旋回しながら下りて来るが、突風に煽られてフワッと浮き上がった。慌てて頭を下げると、今度は風がやんでスッと降下する。地面にぶつからないように頭を上げて羽ばたくと、また強風にさらわれて横転しかけ、バタバタと上空へ逃げる。風による姿勢変化が激しすぎて、安定して降下できないのだ。特にサギ類は着地寸前の動きがデリケートである。飛行中は首をS字に曲げて縮めているが、着地する時には首を伸ばして、下を見ながらタッチダウンする。この時の体の起こし方と進入角度に加え、重心の変化がなかなか微妙なようだ。

体の模様がはっきりしないので、どうやらこのアオサギは若い個体らしい。恐らく、今年生まれの幼鳥で、独立したはいいが、まだこんな厳しい条件下での飛行は経験したことがないのだろう。よし、もうちょい……ダメだ、また吹き飛ばされた……そう思って、内心応援しながら見ていたら、アオサギは大きく旋回して仕切り直した。対岸近くまで行って深くバンクし、急旋回を……その瞬間、横から突風が襲った。慌てて立て直そうとしたアオサギだが、間に合わなかった。アオサギは翼を90度立てて滑り落ちるように高度を下げ、さらに風に押し流されて、背中から対岸のヨシ原に突っこんだ。

　簡単に近づける場所ではなかったので確認に行けなかったが、あの落ち方はかなり危険な気がした。下手をすると、命を落としたかもしれない。


　もう一つ、これはカラス同士の喧嘩なのだが、カラスが相手を「撃墜」するシーンを見た事がある。

　それは、ハシボソガラスのペアのナワバリに入りこんでしまった、1羽のハシブトガラスだった。さっさと抜け出せば良かったのだろうが、多分、餌を探してぐずぐずしていたのだろう。ハシボソガラス2羽に前後を挟まれ、完全にマークされてしまった。おまけに小学校のグラウンドに入りこんでしまい、周囲を囲むネットに阻まれてうまく逃げられないらしい。

　ハシブトガラスは上空20メートルあたりまで上昇したが、後ろからハシボソ1羽が蹴り飛ばしに来る。これをかわそうとすると、もう1羽が上から襲って来る。ハシブトガラスはサッと体を90度横転させ、ヒラリと滑り落ちて蹴りをかわした。お見事。蹴りをかわされたハシボソガラスはそのまま旋回して上昇、だがその間にもう1羽が再びハシブトガラスを蹴りに来る。相手の頭上に占位し、交互に降下して攻撃をしかけるという無敵のコンボ技だ。しかも、ハシブトガラスはかわすたびに速度と高度を失い、だんだん追い落とされて行く。

ついに高度がゼロになった。ハシブトガラスは避けようとしたが高度がないことを悟り、咄嗟に足を出して急ブレーキ。つんのめるように、学校のグラウンドに滑りこんで止まった。「ガララ!」と威嚇の声を上げようとした途端、再びハシボソガラスの蹴りが頭をかすめ、ハシブトは首をすくめたまま、「ガア!」と鳴いた。ハシブトガラスは直接的には攻撃されていないけれども、2羽がかりで墜落せざるをえないように追いこまれたのである。見事な連繋プレーと体さばき。猛禽に比べれば飛行術の劣るカラスでも、これくらいの芸当はできるのだ。

……そして、あの日のサギに憧れる

部品を貼り合わせて鳥の模型を作っている間、つい「飛ぶ」ということに思考が暴走してしまった。

さて、接着剤は乾いたようだ。貼り合わせた鳥型紙飛行機を前から見て歪みを直し、上半角を付け、翼前縁の捻（ひね）り下げと、水平尾翼の微調整を行う。重心位置は少し後ろすぎた。クリップを頭に取り付けて調整する。

軽く投げた「鳥」は、研究室をスーッと飛んで、ふわりと床に落ちた。よし、成功だ。明日の講義では鳥の形態について少し話すから、これをネタに使いたかったのだ。

だが、私が本当に感じていることは、たぶん、授業では伝えきれない。

罪な男

餌で誘うオスの声を聞くとメスは思わず反応してしまいます。

悪ガキの足もと

タイコウチ、ミズカマキリ、タガメ、ミツバチ、カゲロウ悩む。実に悩む。

アウトドアショップの店先で、私は首をひねっている。何年も履いていた登山靴がボロボロになってしまったので、新しく買いたいのだが、どうも「これ」というものがない。今、手にしているこのモデルの軽量さは捨て難いが、どう考えてもランニングシューズの進化系で、藪（やぶ）の中で岩を蹴り飛ばしたら爪先が痛そうだ。こっちの一足は頑丈で良いが、履いてみたら足に合わない。ということは全くダメ。

さっき目をつけた一足は非常に足に合うのだが、ちょっと固すぎる。岩稜（がんりょう）を行くならいいだろうが、私は基本的に、森林限界よりも下の住人だ。動物を探しているので、森のないところにはあまり行かない。そして、森の中を、しかも動物を探して忍び歩くなら、もう少し柔軟な靴のほうがありがたい。といって、あまり軽いモデルはヤワだったり防水が怪しかったりする。

ああ、こういうモノへのこだわりは楽しくもあるが、面倒くさい。昔はもっと、スッピンの自分の足が頼りになったのに。

水たまりの楽しみ

昔むかし、覚えていないくらいずっと昔、私は黄色いゴム長を履いて暮らしていたらしい。子供というのは水たまりがあればバチャバチャしに行くものだから、合理的と言えば合理的である。ただし、長靴より深い水に飛びこまれると、全てがパアになる。

あの頃は水たまりというものがごくごく普通にあった。今となっては記憶もおぼろげなのだが、私が物心ついたころ、ということは45年くらい前、家の前から数百メートルは未舗装道路だった。集落から外れた所なので、舗装の優先度が低かったのだろう。道には轍(わだち)があって、真ん中は盛り上がって草が生え、雨が降ればその左右に水たまりができていた記憶がある。子供にとっては楽しいだけだったが、大人達はいったいどうしていたのだろう?

家から田んぼの方へ向かえば、畦道(あぜみち)や農道のそこらじゅうに水たまりがあった。水たまりは透明な水を湛(たた)え、底はねっとりとシルト質の泥で、落ち葉が沈んでいることもよくあった。そして、当時の私にとって、水たまりとは一ったりとも見逃さずに様子を見るべき対象であり、特に、沈んでいる落ち葉が要注意だった。

「お！」

しゃがみこんで、生暖かい水の中の落ち葉を拾い上げる。つかんだ瞬間にモゾモゾと動いた。手触りも全然違う。枯葉の、触れると指に巻きついて来るような頼りなさではなく、もっと厚みがあってカチッとしている。やっぱり、睨(にら)んだ通りだ。表面にかぶっていた泥が剥がれると、腹側が少し赤っぽい。カマのような前脚を振り回して逃げようとしているが、逃がすものか。

水たまりに潜んでいたのは、タイコウチという昆虫だった。彼らは水たまりに潜み、呼吸管を水上に出したまま、落ち葉にまぎれてじっとしている。どこにでもよくいるが、水中に潜む捕食者というのがちょっとカッコイイ虫なので、見かけたらつい、捕まえる。

タイコウチと、その親戚であるミズカマキリおよびタガメ、彼らは大雑把に言えばカメムシの仲間である。顔をよく見ると、鋭く突き出した口先がわかる。つまり、カメムシと同じ「突き刺して吸う」口なのだ。多くのカメムシは植物に突き刺す。サシガメのような、一部のカメムシは動物に突き刺す。

タガメもタイコウチもミズカマキリも、オタマジャクシやカエルや小魚を羽交い締めにして口を突き刺し、消化液を注入してから、溶けた肉を吸いこむ。考えてみたら恐ろしい話で、あんな注射針みたいなものをブッ刺されて吸われるなんてまっぴらご免だが、幸いにして人間相手に突き刺して来ることはない。まあ、万が一にでもあったら嫌なので口には触らないようにしていたけれども。

もちろん、こんな水たまりにそうそう餌があるとは思えない。だが、彼らは飛ぶ事ができる。しばらく粘っても餌の気配がなければ、飛んで移動すれば済むのだろう。時には夜間に灯火に寄って来ることもあった。

こういった、食物連鎖でいえばかなり上位に来る捕食性の昆虫たちは、環境の悪化に極めて弱い。昆虫自身が農薬に弱いのももちろんだが、水辺の構造的な問題も大きい。

今、日本の水田ではカエルが減少している。最大の理由はおそらく、水路の改修だ。コンクリートで固めた深い水路だと、田んぼと水路が隔絶されてしまう。吸盤を持ったアマガエルならともかく、他のカエルは水路に落ちたら二度と田んぼに上がれない。水路で育ったオタマジャクシがカエルになっても、水路から上がることはできない。私が育ったのは1970年代だから、まだ農薬をガンガン撒いていた時代。その頃と比べても、今の方がよっぽど少ないのである。

河川（溜め池でもいい）・水路・水田という、本来は平面的に繋がっていた3つの水域が分断されるだけで、これだけの破壊力がある。子供の頃の水路は浅くて、周囲も石垣や土だったたから、カエルもヘビもホタルの幼虫も、みんな簡単に行き来できた。もちろん農家の作業の省力化を否定などしないが、深い垂直の水路にはこういう問題もあるのだ。カエルや虫にとっては、何か足がかりがあるだけでいいのだが。

私が子供の頃、タイコウチなんてどこにでもいた。ミズカマキリにいたっては、小学校のプールにいたほどである。ミズカマキリは「細くてカッコいいけどあまりにも普通」、タイコウチは「忍者っぽくてカッコイイけど普通」、タガメは「でかくてカッコよくて、見つけたらうれしい」だった。

だが、カエルの減少した環境には、カエルやオタマジャクシを餌

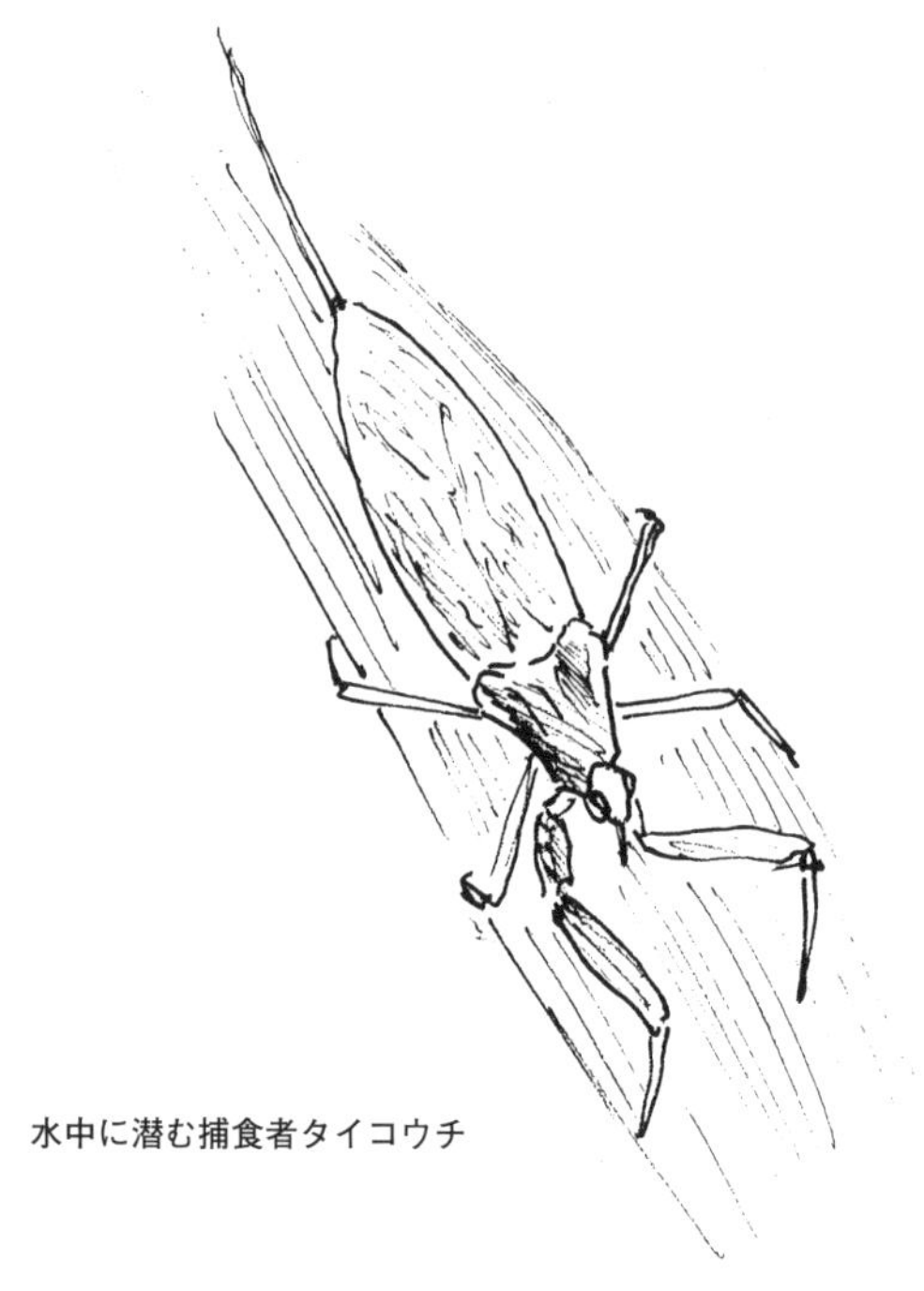

水中に潜む捕食者タイコウチ

にする生物も、住むことができない。この20年あまり、タイコウチさえも、とんとお目にかかっていない。

ビーチサンダルという逸品

さて、ゴム長の次に私の足下を支えてくれたのが、ビーチサンダルだった。

これは驚異の万能アイテムだ。ヒョイとつっかけてすぐ出られる。足を振って脱ぎ捨てればそのまま家に上がれる。雨が降っても、どうせ裸足なんだから放っといたら乾く。しばらく鼻緒が濡れて冷たいけど、そんなん別に構へん。川に入っても大丈夫。そのまま岸に上がって、畦道を通って、柳生街道に行ってもオーケー。

いや、ほんとは全然オーケーじゃないのだが、当時は大丈夫だったんだから子供ってのは恐ろしいものである。

ということで、小中高と靴を履くのは学校に行く時だけだった。あとは全部、ビーサン。冬でもビーサン。何を着ていてもビーサン。あんまり寒いと靴下履いてビーサン。なかなか斬新だ。

子供の頃、私の行動範囲というと、家を出て畦道を通って踏み分け道を下りて谷川に入って反対側を上がって草むらを突っ切って……というようなもので、確かに水陸両用なサンダルは適している。図鑑に書いてある、模範的な「昆虫採集に行く時の服装」なんかを見ると、必ず「長靴や運動靴を履きましょう」とあるが、なに、馴れてしまえばサンダルでも歩けるものだ。草むらで足を切るのは防ぎようがないが、ま、その程度の生傷は夏休みにはつきものである。

とはいえ、やっちまったことはある。

5月頃、谷川から上がった向こうの田んぼは、一面のレンゲだった。シロツメクサの場合もあった。見た目には「お花畑」でそのまま寝転がってしまいたいくらいだが、忘れてはいけない。こういう場所はしばしば雨を吸ってグチャ

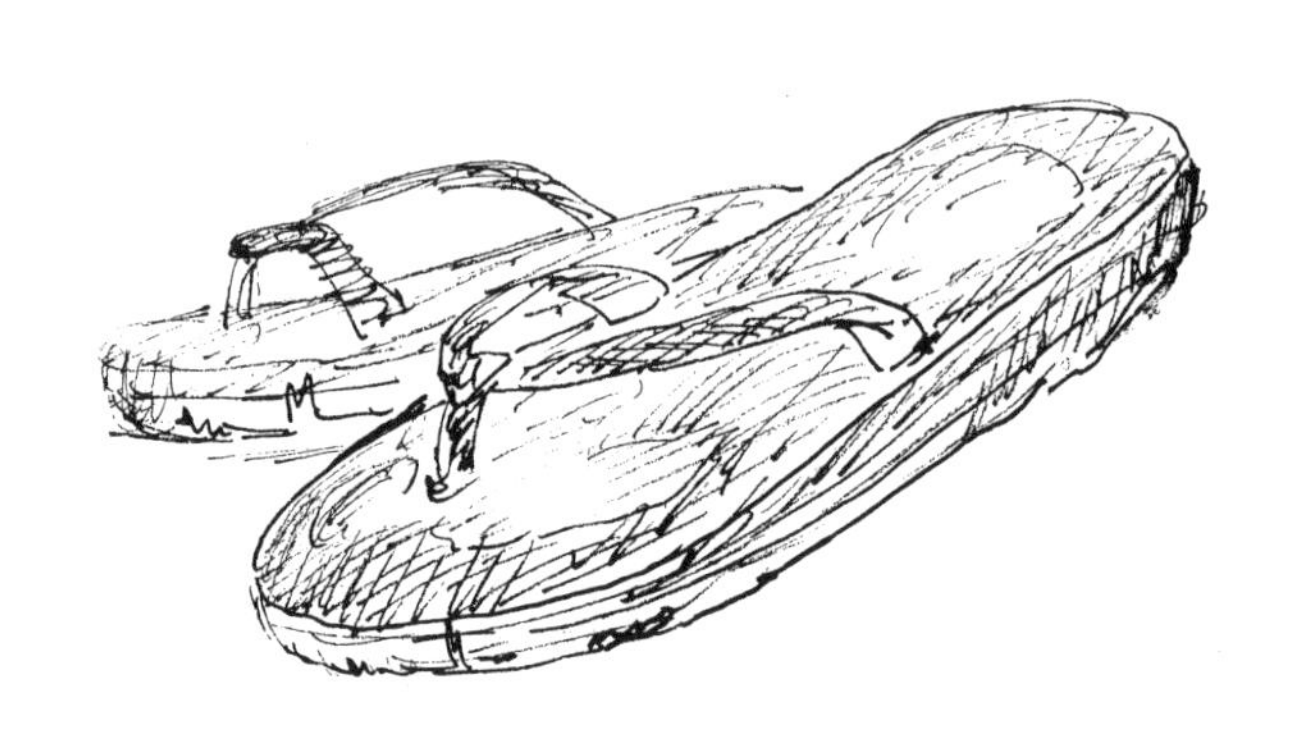

ビーチサンダルは水陸両用

グチャになっており、寝転がったりしようものなら泥まみれになる。田んぼなのだから排水がいいわけはないのだ。

畦道を通ると遠回りになる。田んぼの真ん中を突っ切って行くと、案の定、足が泥に沈み、朽ちた藁くずやらレンゲの葉っぱやらがからみついてくる。が、地面を感じながら歩くとはこういうことだ。なんなら裸足でもいいが、さすがに裸足で地面を踏むといろいろ痛い。取るに足らない小石でも、足の裏に突き刺さると結構痛い。

足下からはアブやらハエやら小さな羽虫がたくさん飛び出して来る。葉っぱと同時に昆虫を蹴散らしているようなものでもあるのだ。そういえば、草地をウシやスイギュウのような大型動物の後ろを、アマサギがついて歩くことがある。背中に乗っていることもある。あれは飛び出して来るバッタなんぞを狙ってのことである。別に動物でなくても、トラクターでも何でもいい。牧草地の刈り入れを見ていると、後ろにズラリとアマサギやカラスやムクドリが並んで歩いており、さらにトビまでが参戦していることがある。あの大きな猛禽がノシノシと地面を歩いてはイナゴを食べているのは笑うしかない。

調子良く草の中を歩いていた私は、足下に何かが「ブブブ……」と音をたてたのに気付いた。そして、親指の後ろあたりに何か当たったのにも気付いた。あ、やべ。次の瞬間、右足の裏、土踏まずあたりに、火を押し付けられたような痛みが走った。

「つッ！」

サンダルを振り捨てて片足を上げる。いや、踏んだ時にだいたいわかっていたのだが、足を止めるのが間に合わなかったのだ。それはシロツメクサに止まっていたミツバチだった。蹴飛ばされただけでなく、サンダルと足の裏の間に挟まってしまい、その状態でグイと踏まれたので、さすがに身の危険を感じて刺したのだ。

赤くなった真ん中に、黒い点がポチッと見えている。ハチの針が残っているはずだ。

さすがに片足立ちのままではどうにもならないので、田んぼの端まで歩いて腰をおろし、一緒にいた誰かに見てもらった。いざとなれば縫い針か肥後守（ひごのかみ）の先っぽで突つきだしても……

「なんにもないよ」

「え？」

どうやらそんなに深く刺さったわけではなかったらしい。そりゃまあ、毎日毎日サンダル暮らしなので、足の裏はずいぶんと鍛えられている。ミツバチごときでは十分に貫通できなかったのか。痛いことは痛いけど。

これは足の裏までオープンで、しかも踵（かかと）が固定されないからパカパカするサンダルの欠点ではある。

滑り止めあれこれ

ビーチサンダルは滑る、と思われるかもしれないが、案外滑らない。ソール表面のゴムは一応、滑り止めの溝が切ってあるが、正直いってあれは大した問題ではない……濡れた場所を踏んだ時に水の膜ができてツルンと滑らないよう、排水さえできればオーケーである。重要なのはミッドソールがスポンジで柔らかいことと、地面との接地面積が大きいことだ。例えばビーサンで石を踏めば、ソールは石の形に窪（くぼ）んで、広い面積で接触して止めてくれる。あとは素材による摩擦係数の違いだが、これまた柔らかいゴム素材は摩擦が大きい。いいことづくめだ（妙に固い奴はダメ）。

ま、この辺の理屈がわかるまでに、あれこれと試行錯誤はしてみたのだが。

「こんなんでもいけるんや！」

それは、父が買って来てくれた『Outdoor』誌のDIY特集だった。父が『山と渓谷』を定期購読していたら、当時は不定期別冊だった『Outdoor』も一緒に本屋に届いたのである。父はもう真面目に登山はしていなかったし、『Outdoor』は方向性も違うので、「お前、読むか」と私にくれた。以後、『Outdoor』が定期刊行になっても、父は買って来てくれた。

当時の『Outdoor』は「山行」「野営」ではなく、「アウトドア」「キャンピング」をファッショナブルに楽しもう、という半分ファッション誌みたいな作りだった。この号の特集はDIY、つまりは「なんでも自作してみよう」である。中には「ダットラ4WDの荷台に木製のシェルを作り付ける」など、「それ車検大丈夫か」というようなものもあったし、最後は「夢のログキャビンを手作りする」だったのだが、パッとできそうなのは「ウェーディングシューズのソールを工夫する」だった。

ウェーダー（腰、あるいは胸までの長靴）といえば、水辺でも滑りにくいフェルト製のソールが一般的。もしくは、普通にゴム長みたいなの。だが、ウェーダーはとにかく暑い。真夏なら適当なズック靴でざぶざぶと水に入ってしまっても問題ないじゃないか。ただし、ソールだけはなんとか工夫しよう！　日本の渓流釣り師や山仕事する人はゴム長に荒縄を巻くけど、Outdoorはもっとカッコよくファッショナブルに！

　というわけで、交換用のフェルトソールを買って貼付ける、市販のフェルトを何枚も重ねて貼付ける、スチールタワシを貼付ける（！）などの提案が掲載されていたのである。スチールタワシはなかなかショッキングだった。だが、これは面白い。なによりフェルトソールと違って金がかからない。

　そこで、さっそく、家にあった使い古しのスチールタワシをほぐして金鋏でジョキジョキと二つに切り、ビーチサンダルの裏に接着剤をベッタリと塗って、タワシを貼付けてみた。単なるボンドではすぐ剥がれそうなので、ちょっともったいないが、2液混合の強力エポキシ接着剤を使った。

　乾くのを待つこと1時間。私は無敵の渓流仕様に生まれ変わったはずのビーチサンダルを履き、庭先に足を踏み出した。

　歩くと一歩ごとにジャリンと音がする。あと、妙にふわふわした頼りない踏み応えだ。何かが靴の裏にくっついているような。いや、文字通り、靴の裏にくっつけてあるのだが。

石をこする音もする。濡れたコンクリートの上で足を踏みこんでみると、「チッ」と音をたてて、みごとに滑(すべ)った。む、スチールのモジャモジャとはいえ、これは滑るか。粗いアスファルトならガリガリと引っかかる。引っかかりすぎてスチールがほどける。草にからむ。つま先の方が剥がれた。エポキシといえども、こんな接触面積の小さなものを完全に固定することはできないようだ。剥がれた部分が巻きこまれて、さらにフワフワした感触になる。厚底になってしまって、到底歩けたものではない。

私はそのまま家に戻ると、黙ってスチールタワシを引きはがした。頑張って接着したタワシは、あっけないほど簡単に剥がれた。これでは荒縄でも巻いた方がまだマシというものである。

その後、「彫刻刀でソールに溝を刻んでみる」なども試したが、特に効果があるとも思えなかった。結局、私はビーサンをすっぴんのまま履き続けた。

この谷川の源は？

家の裏の田んぼの畦を通り、時々キジのいる藪(やぶ)の横を通って、谷川へ。急な踏み

ヒラタカゲロウの幼虫

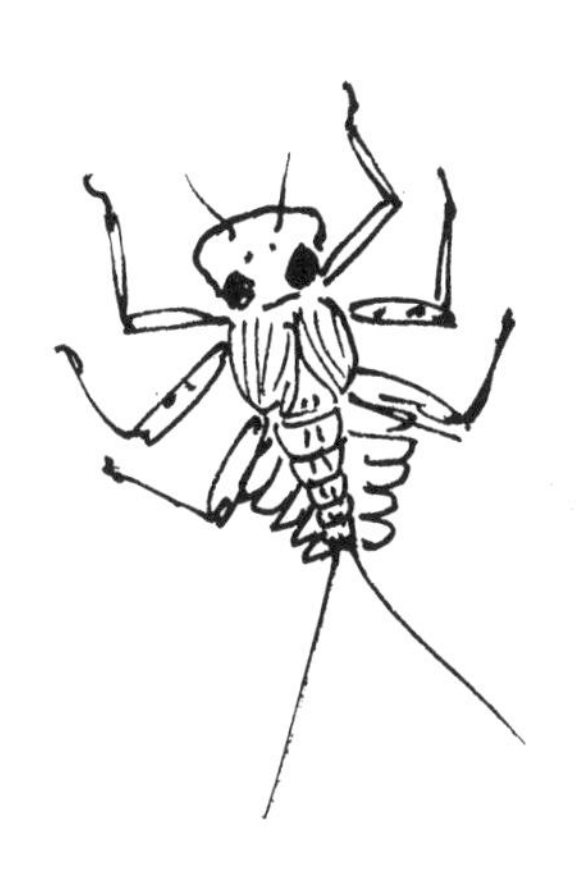

分け道を下りると、そこが川だ。飛び石伝いに向こう岸まで行けるし、小さな川原もある。川幅がせいぜい2メートルなので、川原もほんの1メートルほどの幅しかないが。

小さな谷川だが、生物は豊富だ。流れの中の石をめくると、石にピッタリ貼り付いた、カゲロウの幼虫がジタバタしている。ヒラタカゲロウという名前の通り、平べったい。正確には胴体の両側に突き出したエラのせいだが。

全体につるんと紡錘形のマダラカゲロウ、赤茶色で背中に黄色いラインの入ったチラカゲロウもいる。砂を掬って探せばモンカゲロウもいた。水生昆虫に特に興味があるわけでもなかったのだが、フライフィッシング（毛針）のパターンブックを貰ったので、それでつい覚えてしまったのである。

カゲロウの幼虫は水生で、石の上に這い上がって、あるいは水面を流れながら、羽化して飛び立つ。蛹の段階を持たない不完全変態だが、不思議なことに、カゲロウには亜成虫というステージがある。幼虫は羽化すると成虫そっくりな亜成虫となり、草などに止まって、もう一度脱皮して、本当の成虫になるのだ。もし、家のドアや窓にカゲロウの成虫の形をした抜け殻がついていたら、それは亜成虫のものだ。水面から離脱するためだけの、かりそめの姿である。

石の裏に砂粒を集めて筒状の巣を作っているのは、トビケラの仲間だ。親は小さなガのような姿だが、幼虫時代は小石や砂粒や落ち葉で作った巣に潜んでいる。

石をめくっているうちに調子が出てきて、水の中にざぶざぶと立ちこんで右手で石を掴んで確かめつつ、左手はもう流れの中の石を探っている。こういうリズムができてくると、生き物探しは効率がいい。

ヒョイとめくった大きめの石の裏で、大きめの昆虫が動いた。カゲロウのようなヤワくて頼りない感じではなく、もっとガッチリした印象だ。体長も3センチくらいある。

カワゲラだ！　希少ではないが、こんな大きいのは多くはない。なんだろう、オオヤマカワゲラだっけか。

川の中をすごい勢いで魚の影が走った。カワムツだ。この川にはカワムツがいる。たいていは10センチかそこらだが、もっと上流の淵には20センチくらいある大物も住んでいる。だが、素早くてなかなか採れない。ドジョウやヨシノボリならよく捕れるのだが。

こんな具合でいつもよく遊ぶ川だったが、その全域を知ろうと思ったのは、小学校の時だった。

家に一番近い、いつも川に下りるところから遡って行くと、橋の下を潜って一度堰堤を越え、それからまた川を遡上できる。さらに進むと、川の流れが急に静かになる。砂泥のたまった薄暗い水たまりだ。生き物の気配はない。倒木だけがひっそりと、川幅の広くなった浅い水の中に沈んでいる。うわ、こういう所は絶対なんかおるわ。『爬虫・両生類の図鑑』のオーストラリアワニ（ジョンストンワニ）が群れている写真が、こんなところだった。『少年王者』でも、なんだったか怖いのが出てきた気がする。頭ではいるわけないとわかっていても、たまり水の生温さが不気味だ。

一歩ごとにサンダルが泥に沈みこみ、指の間にまでニュルンとした泥がまとわりつく。サンダルが脱げないよう、指先で鼻緒を握りながらズボッと引き抜くと、ボワンと水中を泥が漂う。ふりむくと、後ろには自分の足跡と、まだ水中を漂う泥濁りが残っている。足首に何かがペタリと貼り付いた。ギョッとして飛び上がりそうになるが、それは沈んでいた落ち葉が流れて来て、足に触れただけのことだった。

ここを通り越して少し行くと、また堰堤、そしてその先は崖っぽくなって通れない。この川のなかで、ここから柳生街道入り口付近までの区間だけが、未知の領域である。なんとか制覇しようと思ったのだが、やはりここは突破できない。せめて、ここがどこなのかを確かめておこう。

水から上がって、濡れた足のまま、川岸の斜面をよじ登る。かなりきつい。最初は登れたが、落ち葉で足下がずるずると崩れる。アカン、手でつかまりながら登らんと、落ちる。

ビーチサンダルのつまさきを落ち葉に蹴りこんで、強引に足場を作る。スギの落ち葉が混じった黒土を足指でとらえ、一歩ずつ体を引き上げてゆく。高さは数メートルだろうが、後ろ向きに転げ落ちたらそれなりに危険だ。

つかんだ草が根ごと抜ける。あわてて枝を握り直す。この感触なら、大丈夫、か？　鼻先には黒褐色の地面。掘り返された湿った黒土の匂いがする。濡れた裸足に土や泥がまとわりついて気持ちよくないが、土を払ってもどうせ泥まみれになるのだから、今は仕方ない。

上がったところは、誰かの家の裏庭だった。さすがに庭先を突っ切るのはちょっと遠慮したい。左右を見渡すと敷地の境界の狭い路地みたいなのがあったので、そっちを通らせてもらった。

出たところは、柳生街道の入り口に近い道路だった。へえ、ここまで上って来たんや！　もうちょっとで全部行けたのに！

ここから滝坂の道は渓流にそって延びて行く。夕日観音、朝日観音の磨崖仏を見て、首切り地蔵の前を通りすぎたところで、唐突に渓流を遡る「探検」は終了した。

そこには妙に近代的なパイプとポンプがあり、土手を登り切ると、大きな貯水池があった。家の裏の渓流の源は、この池だったのだ。この探検に、水陸両用のビーチサンダルは大いに役立ってくれた。

ビーサンの悪ガキ

帰り道はずっと下りだ。最初は早足で歩いていたが、我慢できずに走り出す。

石畳、砂利、砂利、次はあの石の上！　次はあそこまで跳ぶ！　次は道の反対側のあそこ、その先はえぐれてるからこっち！　そのまま行ったら川に落ちるから、右足で片足飛びして速度を落とし、再び地面を蹴って前へ。急斜面に出る。うわ、足場が悪い！　思い切って地面を蹴って、なるべく低く、遠くへ跳ぶ。足の下を地面が流れていって、着地した瞬間に地面を捉えて、右足を前に出して、また跳ぶ。いや、飛ぶ。ホバークラフトみたいに、地上すれすれを滑走して行く気分。神経を集中させた足先がむずむずする。よし、ここだ！　足を踏みおろして地面を蹴り、次の滑空へ。

空中でサンダルがずれた。やばいけど、直せないからそのまま着地。踵が石をガツンと踏み、足首から膝まで衝撃が来る。一瞬、涙が滲みそうになるが、指先でサンダルの鼻緒を掴み直して、速度を殺した勢いで足をサンダルの奥まで突っこむ。つまづきそうになるのを、地面を蹴ってピョンピョン飛んでかわす。

「あぶないぞー！」

追って来るタケウチさんはずっと後ろだ。柳生街道の下りなら、誰にも負けたことがない。大人ってなんであんな足遅いんやろ。ちょっと待つ事にして、平らなところで体をひねり、横向きにザーッと滑って止まる。

家に帰ってサンダルを脱ぎ捨てて玄関に上がったら、母親が叫んだ。

「ちょっと待ち！　雑巾持って来るから、足拭くまで動いたらアカンで！」

そして今、アウトドアショップで靴を選びながら履いているのは、台湾で買ったスポーツサンダルだ（日本で買うより少し安かった）。スポーツサンダルは、かつてのビーチサンダルの「踵がずれる」という欠点を克服した完璧な履物である。だが、今は私の方がヤワになってしまった。草むらで足を傷だらけにするのはできたら遠慮したいし、ヤマビルだらけの森をこれで歩くのも避けたい。

こうして、野生を忘れた自分の体を補うためのハイテクな靴をあてもない、こうでもないと探しつつ、心だけはふと、あの頃を思い出している。

せめておいしく

オスはメスに餌を差し出して求愛するが、メスから求めることもあります。

ムシムシ大行進

カブトムシ、クワガタ、スズメバチ、グンバイムシ、カマキリ、アリ、チャドクガ都会暮らしも悪くないものだ。東京に来てそれを実感したのは、引っ越して来た当日だったと思う。なにせ、最寄りのコンビニまで実家だと徒歩13分、しかも帰りはずっと上り坂だ。対して、ここなら歩いて3分。夜中にふと思い付いて行っちゃっても大丈夫だぜ。

そう思いながら、真夏の夜の生暖かい空気の中を、特段用もないのにコンビニに出かけた。歩いていると、道の反対側から一匹の昆虫が飛んで来た。

そこそこ大きい。大型のカナブンとか、カブトムシの雌とか、コクワガタとか、そういった感じだ。と思ってから、いやいや東京でカブトムシにクワガタはないだろう、と思い返す。色は暗色で、金属光沢はなさそう。

そいつは私の腹のあたりにポフッと当たると、地面に落ち、慌てた様子で道路をカサカサと逃げて行った。

クロゴキブリかー。東京に来ちゃったの、間違いだったかもなー。

一番強い虫

男の子が小さい時に夢中になるムシといえば、そりゃもうカブトムシとクワガタである。もちろん私も例外ではない。

実家は山が近かったので、当然、カブトムシもクワガタもいた。取りに行かなくても、勝手に窓辺に飛んで来たりしたものだ。ただし、来るのはカブトムシとコクワガタくらいで、あまり大物は来なかった。カブトは十分大物ではあるが、「すごいけどイマイチ」だった。コクワは「クワガタなのはいいけど小さくて普通」だった。私はクワガタ派だったからである。

カブトムシが好きかクワガタが好きかは、人によって意見が割れる。この溝はなんとも根源的で埋め難いものである。私はカブトムシの「でかい、丸い、どう見ても強い」より、クワガタの低く構えた姿勢や、開閉する大顎という武器を備えたカッコよさが大好きだった。ノコギリクワガタやミヤマクワガタの複眼の上にある隆起も、キリッとした表情を作っていてカッコよかった。カブトムシはあんな顔はしていない。

子供の頃、カブトムシとクワガタが喧嘩したらどっちが強いか、は仲間うちの永遠のテーマであった。まあ、実際にやると体重の大きなカブトムシがだいたい勝ってしまうのだが、うまいこと相手を掬い上げることができれば、クワガタがカブトムシを投げ飛ばすこともある。小学校に「自慢のムシ」を持ち寄って勝負させることもあった。この辺に魅せられて研究した上に本まで書いてしまった大学院の後輩もいる。彼はとにかく、「ツノが生えている奴はカッコええ」という情熱で研究者になってしまったという、極めてピュアな人だ（見た目はちょっといかついが）。彼によるとカブトムシは上下の角で相手を挟んで捻り倒すか投げ飛ばすのが決め技だという。クワガタの場合、素早くバックして有利なポジションを取れるかどうかも重要だとか。

子供の頃、私にとって身近なクワガタはコクワガタとノコギリクワガタだった。コクワガタはかわいくて好きだが、自慢するには小さくて、あまり強そうでなかった。ノコギリクワガタは強いことは強いが、なんだか「いかにも」な感じがちょっと……だった。金色の毛に覆われ、ノコギリクワガタよりも上品かつ強そうなミヤマクワガタは私の憧れだったが、残念なことに、家のあたりにはいなかった。悔しい事に、隣県に住んでいる同級生はミヤマクワガタばかり取って来て自慢していた。その辺りではごく普通にいるという話だった。

少なくとも私の小学校では、ノコギリクワガタは「水牛」と呼ばれることがあった。全校で呼ばれていたわけではないので、それこそ町単位なんかの、きわめてローカルなあだ名だったのだろう。グイと曲がった大きな大顎が、スイギュウの角

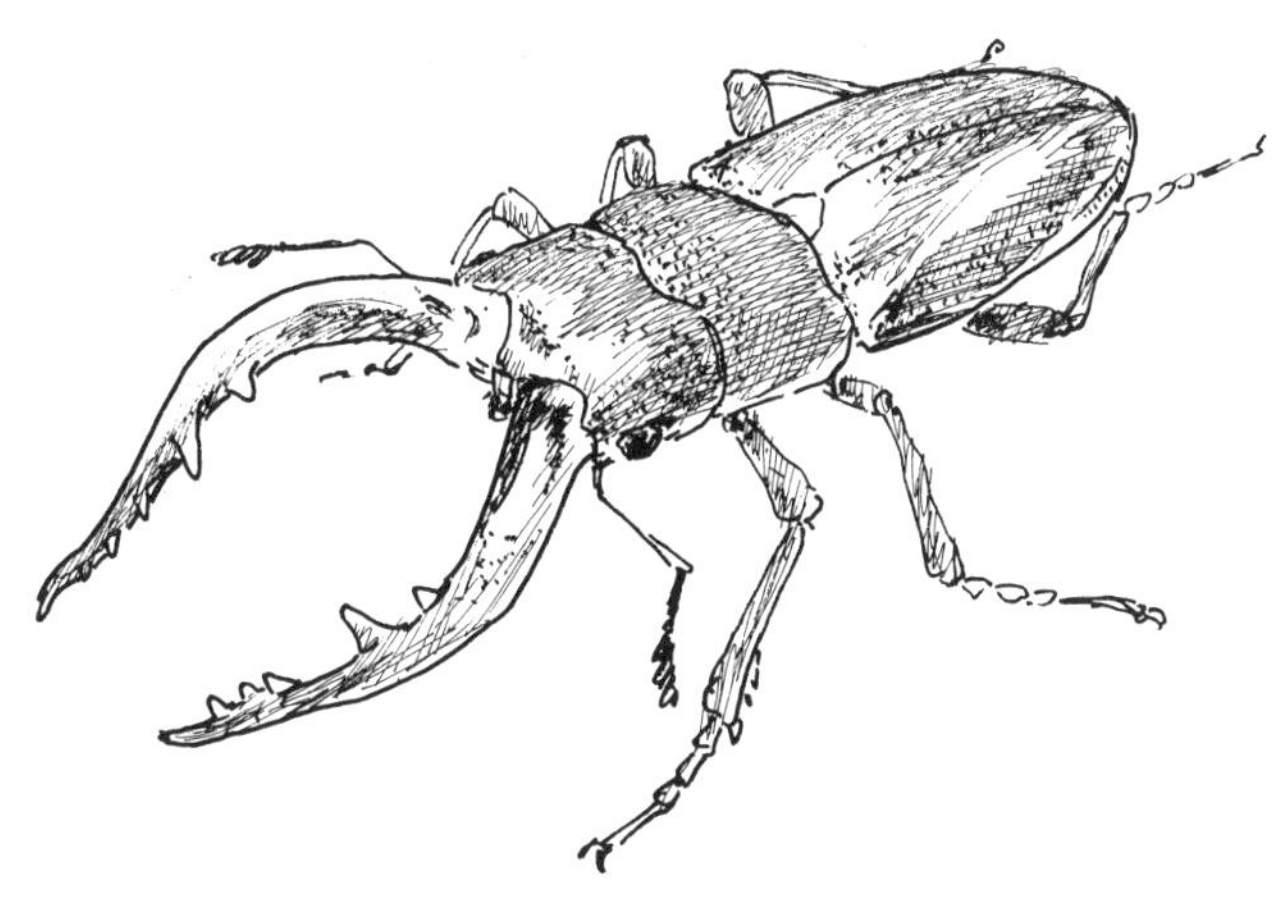

水牛と呼ばれたノコギリクワガタ

を連想させるのはよくわかる。ノコギリクワガタは大きくて乱暴で、捕まえるとすぐ指を挟む奴だが、その辺の荒っぽさも、暴れ牛っぽかった。

　ノコギリクワガタの中には、赤みの強い色をしたものがいる。私の住んでいたあたりではせいぜい、ちょっと赤褐色程度だったが、友達が取って来る中には、前翅（ぜんし）の真ん中がくっきりと、エアブラシを吹いたように赤いやつがいた。こういうのは赤牛（あかうし）と呼ばれていた。友人の中には「赤牛の方が強い」と主張するのもいて、確かにスペシャル感があって強そうだった。実際に戦わせると別に強いわけでもなかったが。

　裏山に虫取りに行って、一度だけ、見た事もないクワガタを見つけたことがある。それはずんぐりとして平べったく、なんだかノッペリとなりある。
真っ黒い奴だった。コクワタガをもっと幅広くして大きくしたようだ。大きさはか
なりある。
もしやオオクワガタ？　「オオ」とつくのはそれだけで正義だ。「大クワガタ」な
のだ。友達が「捕まえたことがある」と自慢していた、あのオオクワガタか？
だが、こいつはオオクワガタというほど大きくなかった。今考えればクワガタの
大きさは幼虫時代の餌量でかなり変わるから、小さいからといってオオクワガタで
ないという根拠にはならないのだが、大きさ以外にもなんだかオオクワっぽくな
かった。おそらく、大顎の形が違うのに気付いたせいだろう。
それはともかく、捕まえていじりまわしていたら、ガキッと親指を挟まれた。痛
い！　とんでもなく痛い。大顎の根元近くに、はっきりと棘のように突き出した歯
があり、これが見事に爪に食いこんだのである。クワガタがいたら爪を挟ませてど
れくらい強いか試してみる、というのは皆やっていたし、そのせいで爪に歯がめり
こんだ跡が残っているのもしょっちゅうだったが、これは別格。なんとかもぎ離し
たが、爪にはくっきりと穴が残り、その下が内出血で赤黒くなっていた。
この謎のクワガタ、持って帰って図鑑で調べたらどうやらヒラタクワガタらし
かった。学校に持って行ったら「こんなの見た事ない」と話題にはなったが、それ

以上に「すごい」にはならなかった。あの頃は、ヒラタクワガタといえば「オオクワガタのパチもん」扱いで、どうってことなかったのである。名前からして「平たいクワガタ」では「大」だの「ノコギリ」だの「深山」だのには勝ち目がない。結局、もとの山に逃がしてしまった。

今考えれば、ヒラタクワガタは野生状態ならオオクワガタに迫る大きさになるし、パワフルで喧嘩っ早いことも知られている。あのまま飼っていれば、校内で無敵のクワガタとして君臨しかもしれないのだが、まあ、個体数も多くないことだし、逃がしてやって正解だったろう。

虫取りも楽じゃない

クワガタを探しに行こう！という時は、家か

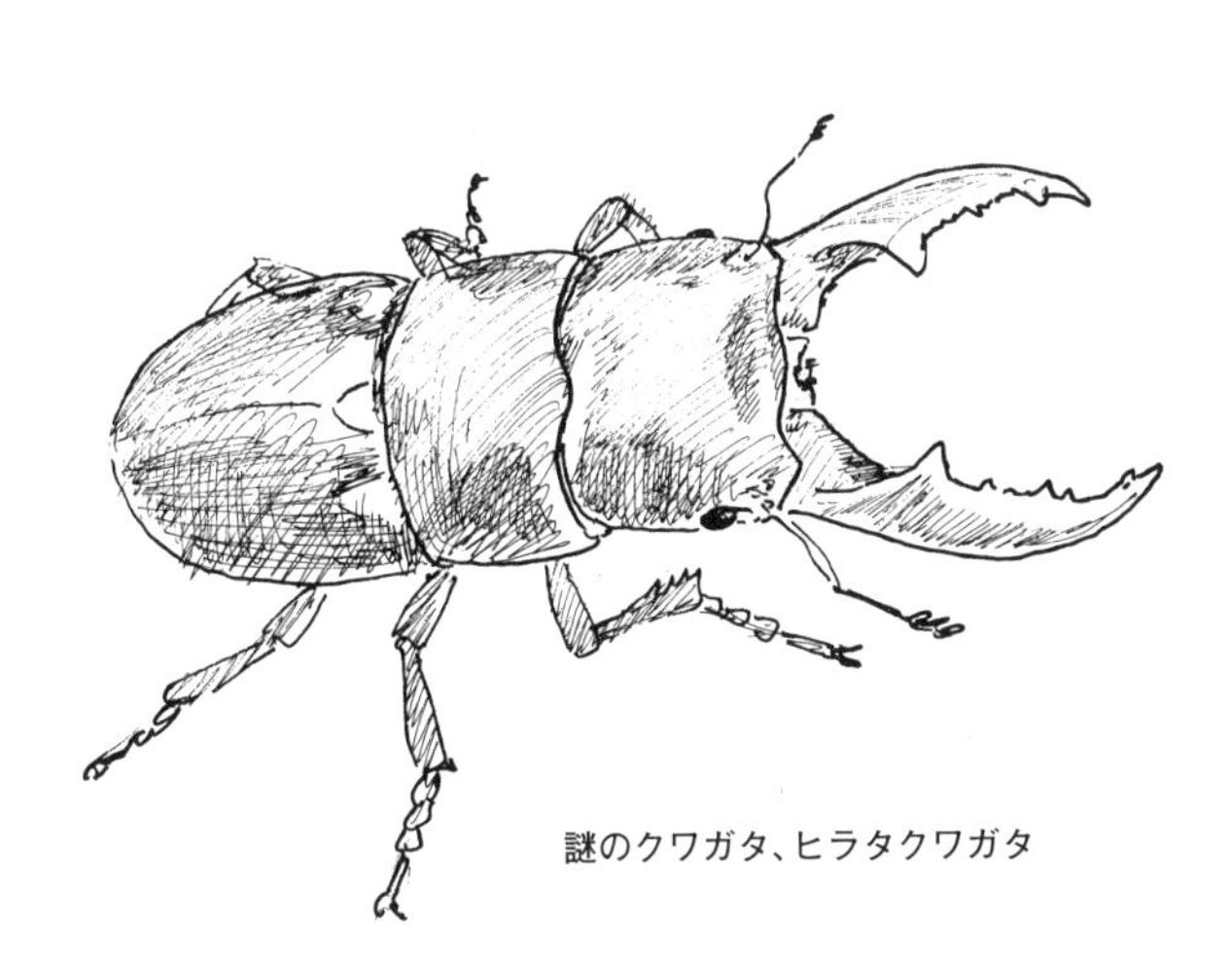

謎のクワガタ、ヒラタクワガタ

ら1キロほど離れた雑木林が定番だった。そこにクヌギが何本も生えていて、近づくと樹液特有の匂いがしたからである。クワガタを狙う子供たちは、この匂いを絶対に見逃さない。覚えておいて、自分の頭の中の「虫取り地図」に付け加えておく。

懐中電灯と捕虫網と虫かごを持って夜中に出かけて行き、道から林の中に入って、懐中電灯で照らす。ほら、何かいた。カブトムシの雌、コクワ、カナブン、カナブン、コガネムシ……まあ、コガネムシの方が多いのが普通だ。だいたいは銅色に光るドウガネブイブイか、緑色に輝くアオカナブンか、そんなところだ。

「うわ、スズメバチおった！」

従兄弟が叫ぶと同時に、ブン……！　という羽音が響いた。スズメバチが飛び立ったのだ。慌てて、足場の悪い林の斜面にしゃがむ。スズメバチがパトロールするのは高さ1メートル以上、低い位置にいる相手は無視してくれる。注意を引かないうちにしゃがめば、目をつけられることはない。

周囲の木を見回ったが、あまりいいのがいない。せいぜいコクワか、ノコギリクワガタのブタ（メス、あるいはオスだが大顎の小さいタイプ）だけだ。カブトのオスもいたが、あまり食指が動かない。

懐中電灯で高いところまで照らしてみる。ジジッと鳴いて飛び去ったのはアブラゼミ。素早い動きで幹の裏に回りこんで行ったのはキマワリだ。キマワリはコガネムシっぽい形をしているが、足が長くて歩くのが速い。お、小さいが赤い斑点の並んだ奴を発見。クワガタをうんと小さくしたような形をしている。ヨツボシケシキスイだ。大きくはないが、カッコいい虫だ。だが、捕まえて飼うほどではない。

木のウロを覗(のぞ)いてみる。こういうところに何かが潜んでいることもあるからだ。だが、今夜は何もいない。ちなみに、むやみに指を入れるのは絶対ダメだ。ムカデがいることもあるからである。

さらに探すが、見つかったのはカミキリだけ。カミキリもカッコいい虫だが、やはりクワガタには劣る。子供達の中では、クワガタとカブトムシが1位2位で(どっちが1位かは人による)、大型のカミキリがそれに続くものだ。シロスジカミキリなら大きさといい、怖い顔といい、厚紙を苦もなくブチ抜く顎の力といい、結構なヒーローである。つかもうとすると肩のあたりに棘があって阻まれるのもカッコいい。

これに続くのがウスバカミキリやクワカミキリといった、ちょっと地味だが大きな奴らだ。ゴマダラカミキリになると小柄だし数も多いので、だいぶランクが落ちて、「普通よりはちょっといい」程度になる。

小さめのシロスジカミキリを捕まえた。指先でつまんだまま、キイキイと鳴く(正確には体節をこすって音を立てている)のを見ていると、従兄弟がこっちを向いて、提案した。

「蹴ったらなんか落ちて来るんちゃう?」

隣の木の幹を蹴った。確かに、これでポトンとカブトなんぞが落ちて来ることもある。二人で2度、3度と蹴っていたら、何かがドサッと枯葉の上に落ちて来た。ドサッ? えらい重いぞ?

懐中電灯を向ける。そこには、50センチほどの細長いものがとぐろを巻いて、グイと鎌首をもたげていた。背中には丸い斑点が並んでいる。

「マムシや!」

従兄弟が叫び、慌てて林を飛び出した。マムシが木に登るものかどうか、いまだに疑問ではあるのだが、確かにそれはマムシに見えた。あんなものが落ちて来たらたまったもんじゃない。今夜は中止だ!

大都会の謎のムシ

東京に引っ越して「虫いないなあ」と思っていた。いや、本当は引っ越して窓を開けた途端に出会ったが、なにぶんにもヒトスジシマカとアカイエカだ。要するに、普通の蚊だ。あまりうれしくない。その次が、冒頭のゴキブリである。やはり、うれしくない。

だが、東京とは言っても、そんなに捨てたものではない。

博物館はどこでもそうだが、私の勤務している館でも、定常的に害虫モニタリングを行っている。館内各所に昆虫トラップ（誘引剤なしのゴキブリホイホイみたいなものだ）を置いて、チェックしているわけだ。

一般のビルで害虫検査というとゴキブリやハエだが、博物館はちょっと違う。昆虫の中にはシバンムシやカツオブシムシのような、枯れ草や乾燥した死骸を食べるものもあり、彼らにとっては植物標本や剝製（はくせい）標本も「枯れ草や乾燥した死骸」なのだ。発見したら大増殖しないうちに発生場所を特定して対策を取らないと、次々に標本を食い荒らされる。

その朝も、出勤して館内に入ってすぐ、ドア横にあるトラップを拾い上げた。こういう、外部に直結したドアの近くは要注意だ。出入り口は虫の侵入路でもある。開け閉めのたびに、空気と一緒に昆虫が入りこむ。外から入る人間の衣服や荷物について入りこむ。だが、ここで発見されるならばまだマシだ。出入り口にいない昆虫が館内で大量に見つかるなら、それは「館内に発生源がある」という恐ろしい事実を示唆する。

さて、トラップをしげしげと眺めると、アカイエカとユスリカはわかるとして、他にも何かかかっている。

これは何だ。小さな、ほんの数ミリの昆虫だが、あまり見覚えのない姿をしている。持ち歩いているルーペで拡大すると、翅(はね)が水平でバイオリンムシのような形だ。もちろんバイオリンムシのはずはない。あれは東南アジア原産だし、こんなに小さくもない。一瞬キジラミかとも思ったが、違う。あれはもっと、セミやアブラムシの仲間だとわかる形をしている。

このムシは翅から胸にかけて妙に平べったく見える。この、うすべったい、フラットな感じがバイオリンムシのように見える理由だろう。さらに、体の上に何か変な構造があるように見える。これは一体なんだ。ツノゼミか？　ツノゼミは「ありえない虫」とまで言われるほど不思議な形の昆虫だ。だが、今、目の前にいるこいつは、ツノゼミではなさそうだ。「背中に変な構造」以外の部分が似ていない。もしかして、カビでも生えていておかしな形に見えるだけか？

トラップごと回収し（トラップに粘着しているので虫だけ回収するのは無理だ）、実体顕微鏡を使って観察する。

翅は透明で、翅脈（しみゃく）が細かく入っているせいで泡が並んだように見える。それから、胸部背面に生えた……これは何と言えばいいのか、「パカッと二つに割れたくす玉」みたいな形。最初は抜け殻のように背中が割れた跡かと思ったが、そうではなくて、もともとこういう構造のようだ。前翅が特殊な形なのかと思ったが、じーっと眺めた末に、そういう飾りが翅とは別についているのだろうと判断した。なんだこの珍妙な昆虫は？

おそらく半翅目（はんしもく）の一種とみて、図鑑をめくる。違う、これも違う、これも違う……こいつだ！

グンバイムシ。図鑑にある種とは違うようだが、この仲間に違いない。なるほど、平たい翅を相撲の行司が持つ軍配に見立てたのか。食性は種によって違うが、いずれも生きた植物だ。少なくとも標本を食害する虫ではない。まずは一安心。

これで終ってもいいのだが、生物屋としては種まで同定しないと落ち着かない。

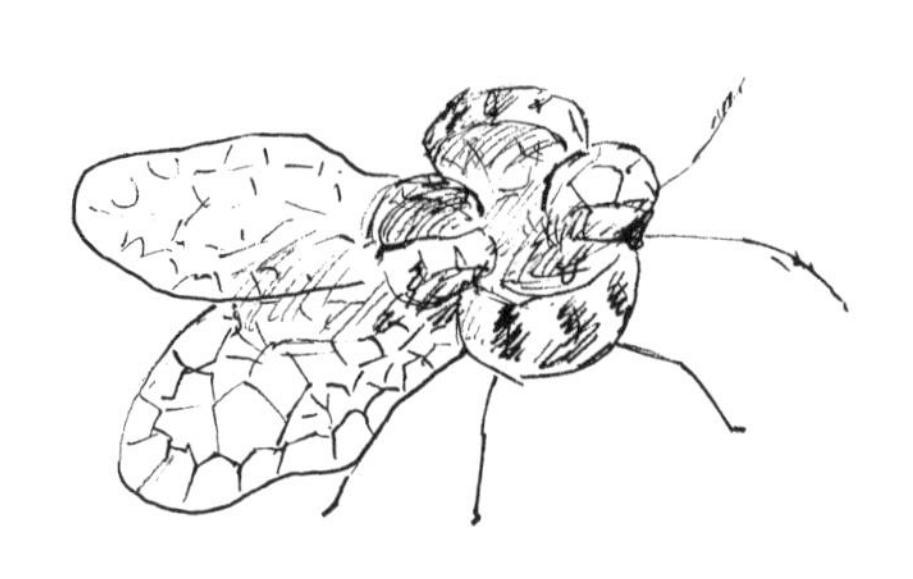

博物館にまぎれこんだグンバエムシ

グンバイムシの仲間に絞って検索する。

エグリグンバイ……違う。トラップにかかった奴は胸部がこんなに波打っていない。トサカグンバイ、これも違う。ナシグンバイも違う。翅の模様もだが、特徴的な背中の飾りの形が、どの種とも一致しない。およよ？　なんか珍しい奴か？

こういう時、当たりをつけるのにネットの画像検索は本当に便利だ。これかな？　という写真を探し、それを手がかりに図鑑に当たればいい。今回も、検索して画面を見ていったら判明した。

トラップにかかっていたのはヘクソカズラグンバイという種だった。ヘクソカズラというのは、実家のあたりにもあった蔓性の植物だ。筒状の花が咲くのだが、変な臭いがするので「屁糞カズラ」というひどい名前がついている。これを食べるのでヘクソカズラグンバイというらしい。

さらに驚いたのは、ヘクソカズラグンバイが外来種だということだった。近年、日本でも広く見られるようになり、東京でも珍しくはないようだ。だから、東京にいること自体は、まあいいとしよう。

だが、一体なんでまた、東京駅の真ん前のビルの中にこいつがいたのか、さっぱりわからないのである。どこかで誰かの服か荷物にくっついて、そのまま入って来てしまったのだろうか。あるいは、屋上緑化の恩恵で、この辺のビルの屋上にこっそり住み着いているのか？

昆虫にとっては樹木一本、花壇一つでも結構な大きさの「世界」であり、たどり着きさえすれば、そこに暮らしているものも少なくない。彼らは想像以上に、タフである。

秋草の妖精

夏の終わり、仕事を終えて博物館から帰宅し、家まで百メートルほどのところで、路上を何かが動いた。風に吹かれた紙くずのような動きだが、色が違う。緑色だと？

カマキリだ。中型のカマキリが翅を広げ、半ば飛び、半ば風に吹かれるように移動している。なんと、ここでカマキリとは珍しい。小さいとはいえ畑があるから、一応は住めるのか？

だが、このカマキリの種類は何だ。オオカマキリやチョウセンカマキリにしては小さい。コカマキリの緑色型……いやあ？　なんか違うぞ？　もうちょっと大きいし、なんだかふっくらしている。じゃあハラビロカマキリか？　だが、翅の感じが違う。もっとこう、紗（しゃ）のような、透（す）け感がある。その翅を半ば持ち上げ、震わせるように動かしている。これは威嚇（いかく）なのか？

捕まえようとしたら、カマキリは翅を広げて飛び、数メートル先に着地するとまたサーッと飛び、畑の中に逃げこんでしまった。くそ、取り逃がした。子供の時みたいに、脇目もふらずに捕まえなければいけなかったのだ。

晩飯を作りながら考えた。あれは何だったんだろう？　特徴を一つずつ思い出すが、やはり、コカマキリではない。肘の内側に斑点があったが、色が違う。さっき見たのは黒い点だった。そうだ、それが何かおかしいと思ったのだ。コカマキリなら肘の斑点は白黒で、ピンクっぽい色も見えることがある。

ハラビロカマキリも多分違う。翅の脇の白班が見えなかった。あとはヒメカマキリとヒナカマキリだが、こいつらは大きさが全然違う。ヒメカマキリで体長40ミリくらい、ヒナカマキリなんて20ミリもない。

そうだ、ウスバカマキリ！　見た事がなかったが、コイツが残っている。ひょっとしたら、あれがウスバカマキリだったのか？

翌日、昆虫図鑑を調べたら、やはりウスバカマキリっぽかった。翅を震わせるように動かすのもウスバカマキリがよくやる威嚇だという。カマキリにしてはよく飛ぶ、という記述もそれらしい。翅に透け感があったのも、「薄翅（うすば）」の名の通りだ。後翅が透明だったのも思い出した。そうか、あれがウスバカマキリか。草原性のカマキリだというが、へー、あんなところにいるのか。

しばらく後、昆虫の研究者と話していたら、「え！　それは珍しいですよ！」と驚かれた。河川敷で一応の記録はあるらしいが、東京都心部ではあまり例がないという。しまった、何としても捕獲しておくべきだったか！

日本の環境では、草地というものは貴重だ。放っておくとすぐ樹木が茂って樹林になってしまうからである。樹木の成長を支えるだけの雨量と気温がある環境だからだ。

人間が農耕を始める前、日本に草地があるとしたら、雨のたびに増水して植生を押し流す河川敷か、山火事によって焼き払われた跡か、崖崩れ跡か、そんなものだったろう。農耕を始めるようになると、農地という「人間の手によって毎年強制的に更地に戻される、人為的な草地」が生まれた。人がよく歩く畦道(あぜみち)や休耕地も、農地に付随した草地である。人間が整地したものの放置していた空き地なども、人為的な草地と言える。

今や、都市部のそういった空き地はほぼ絶滅した。あったとしてもコインパーキングに姿を変えているから、舗装されて草が生えない。草が茂っていたとしても、どこからか「手入れをしていないのは、みっともない！」と主張する人がやって来て、丁寧に全部引っこ抜いてしまう。草地性の生物にとっては重大な危機である。

残念ながら、カマキリ好きな大学の後輩が「秋の妖精」と呼んでいたウスバカマキリには、以後、一度も会っていない。

行列との戦い

よく見ればそこらじゅうにいるのが、アリだ。彼らは道しるべフェロモンを使って仲間を誘導するから、何かおいしいものを置きっぱなしにすると、いつの間にかアリの行列ができている。混雑したアリの行列をよく見ると、ちゃんと上り車線と下り車線がある。でも、たまに逆走する奴がいて渋滞と衝突事故を引き起こしている。道しるべフェロモンは交通整理まではしてくれないようだ。

フェロモンというのは、動物の体外に放出され、ごく微量で他個体の行動を変化させるような物質のことだ。化学物質を使った信号、あるいは号令と言ってもいい。フェロモンというとなにやら艶っぽいものを想像されるかもしれないが、あれは性フェロモン、動物の交尾行動をリリースするフェロモンからの連想である。道しるべフェロモンは、まさに地面に化学物質を使って描かれた目印だ。

我々の感覚なら臭いと言ってもいいのだが、アリは触角にあるセンサーを使ってフェロモンに触れながら検出しているので、臭いというとちょっとニュアンスが違う。こういうのはケモセンス（化学的感覚）といい、人間の場合、物質が空気中を漂っていれば臭いとして、水溶液なら味として知覚される。

何をどうやって知覚するかは動物によって違う。例えばヘビなら、舌をペロペロと振り回して空気中の分子を集め、口蓋にあるヤコブソン器官に押し当てることで物質を判断している。つまり、「臭いを、舌を介して探知している」ことになる。ヘビの方法の良いところは、床に残ったネズミの臭跡だろうが、近くにいる餌の臭いだろうが、舌を使って同じように検出できることだ。

ところで、アリの行列は思わぬ光景をうむこともある。20年あまり前だが、実家の近くの狭い道路で、ツバメが何羽も道路に下りているのを見つけた。これは妙だ。ツバメは巣材である泥を集める時くらいしか、地面に下りたがらない。水浴びも、飛びながら水面をかすめて水を跳ね上げるだけである。だが、巣材集めにしてはおかしい。舗装された道路上に泥なんかない。

少し離れて見ていると、ツバメは道路を横切るように並んでいるとわかった。せっせと地面をつついている。何か食べている？

そう、ツバメはアリの引っ越しを見つけて、回転鮨よろしく目の前に流れて来る餌をせっせとついばんでいたのである。アリの体は硬いし、蟻酸もあるし、噛み付くし、小さいし、大していい餌とは思えない。だが、労せずしていくらでも捕れるなら、それはそれでモトはとれる、ということなのだろう。引っ越し中なら卵や幼虫も含まれているから、そういう食べやすくて栄養豊富なものが混じっていれば、尚の事だ。

後にツバメに関する文献を見ていて、ツバメの糞にアリが含まれていることがある、という報告を見つけた。もちろんアリは交尾のために飛ぶから、飛行中のアリを食べた可能性もある。実際、この糞分析でも、アリの翅が見つかっている。だが、あの日見たように、何かの理由で地上に出て来たアリを片っ端から食べていたということもあり得る、と思っている。

さて、ある日、いつものように家に帰って夕食を作ろうとしたら、台所にアリの行列ができていた。はて、これは一体なにを狙っているのか。行列を辿ると、ガスレンジの下のストックに続いている。あ、やばい。

開けてみたら案の定、狙われていたのは砂糖だった。この間、砂糖入れに中身を足した後で戻した時に、封が甘かったようだ。袋を引っ張りだすと中までは入りこんでいない。わずかにこぼれた砂糖の臭いを辿って来たのだろう。袋についたアリを払い落とし、砂糖は袋ごとシールパックに入れて密封し、さらに冷蔵庫の上に避難させる。

これでアリの行き先は遮断したが、こいつらはどこから来たのだ。反対側を辿ると、台所の床を通って壁に達し、そこから三和土に向かっている。三和土にはアリがうろうろしているが、行列はない。ということは、三和土のどこかから来ている。探ってみたら三和土の上がり框の裏に隙間があった。壁との間にも隙間がある。恐らくこの辺から上がって来たのだろう。

アリが引き上げるまでしばらく待って、工具箱からコーキング材を引っ張りだし、隙間に充填して塞いだ。

翌朝。目を覚ますと足が痒かった。はて、蚊が入ったか、と思ったら、布団の上をアリが何匹か歩いている。くそ、まだ侵入路があるのだ。

これから数日間、私はやっきになってコーキング材を振り回し、さらに大きな隙間はエポキシパテを詰めこみ、アリの侵入経路を塞ぐことに専念した。その結果なのか、単にアリが諦めただけなのか、ついにアリの侵入は止まった。相手は絶望的に生真面目なので、阻止するのは大変である。

もっと単純に殺虫剤を使って巣ごと殲滅するという手もあるのだが、これはやりたくない。家に入って来なければ無害なのだし、大量殺戮兵器はあまりに無慈悲だ。それに、アリはアリで役に立つことも知っている。実家の裏庭の枯れ木にシロアリが住み着いたことがあるのだが、いつの間にかアリがシロアリの巣を制圧してしまったことがあった。そういえば昔『こんちゅうのひみつ』という本でそういうエピソードも読んだことがある。以来、実家ではアリをシロアリに対する番人として、敬意を持って扱っている。でも、家の中を歩き回られるのは面倒なので、できたら外にいてほしい。

ムシムシ大行進♪

さて。最初は「何もいないなー」と思ったが、なかなかどうして、身近にたくさんの昆虫がいるものだ、と思い直す出来事があった。あれは東京に引っ越してひと月あまりたった9月のこと。

私は朝から洗濯機が届くのを待っていた。屋久島のサル調査で20年以上前に知り合ったフクちゃんという友人が、洗濯機を譲ってくれたのだ。しかも「どうせ海外赴任でいろいろ処分しなきゃならないから、家電用の宅配便で送ってあげるよ〜」とのお言葉。神様仏様フクちゃん様である。

ベランダは空けておいた。玄関からの搬入路も確保。指差し確認するつもりでべランダを見たら、そこにムシムシ大行進がもぞもぞと押し寄せて来ているところだった。

ベランダの手すりの上をもぞもぞと移動する毛虫の群れ。毛虫は特に好きではないが、ここまで集団でもぞもぞしていると、もう笑うしかない。隣の部屋の方から来て、私の部屋の前を横切る途中のようだ。

灰色で長い毛が生えた、典型的なケムシだ。顔はオレンジ色っぽい。背中にも同じような色のラインがある。マイマイガだろうか。だが、この顔はちょっと違うか。顔というか本当は前胸部の模様なのだが、マイマイガは下がり眉っぽい2本線で「え〜?」みたいな困った顔をしている。こいつは線がなく、オレンジ色だ。その後ろに、襟巻(えりま)きみたいな長い毛が生えている。えーと、こいつはなんだっけ。

何を手がかりにしているのか、少し間があいても、後続の毛虫たちは先頭集団を間違いなく追いかけてゆく。脇道にそれる個体もいるのだが、しばらく迷ってから「あ、こっちだ」とちゃんと本隊に戻る。やはり集合を維持するために、何かフェロモンのような物質を使っているのだろうか。アリと同様に逆走している奴が1匹いて、ここで流れが乱れている。どこにでも変わった奴はいるものだ。

それはそうと、部屋の配置の関係で、手すりはここで終る。その先は壁だ。どうする気だろう。君たちの行き先、ちょうど壁に当たるあたりに洗濯機を置きたいので、そこでたまるのはやめてほしいのだが。

その願いが通じたのか、ケムシの大行進は壁に達してしばらく右往左往した後、みんなで壁を登って行った。上階の住人はいきなりベランダに現れた毛虫の大群に驚くかもしれないが、まあ、あまり手荒なことはしないでやってくれ。

かくして、ムシムシ大行進は30分ほどで終了した。残る問題は、あいつがなんだったのか、ということだ。

昆虫図鑑を広げ、幼虫を探す。毛虫というとガの幼虫のように思われがちだが、チョウとガは生物学的には大した違いがないので、チョウの幼虫ということもあり得る。もっとも、あんな大集団はたぶんガだ。

マイマイガ……似ている。だが、発生は5月から6月だ。秋ではない。カレハガ……これは全然違う。マイマイガの仲間だろうか。

ああ、これだ。模様も色もばっちり。発生時期も4月から10月に年2回発生だから、ちょうど今が2度目の発生時期だ。それに見覚えがあるのも当然、非常にポピュラーな種だ。

チャドクガだよっ!

漢字で書けば茶毒蛾だが、茶色という意味ではなく、お茶の木につくからチャドクガである。茶だけでなく、その仲間であるツバキやサザンカにもつく。そういえばアパートの裏の奥の方にツバキ植えてあるしなー、あそこで成長したんだなー。庭先にいることもあって、ドクガの中でも一番、刺される被害の多い奴だ。「刺す」というが、実際に害をなすのは、体にわしゃわしゃ生えた毛ではない。細かい毒針毛とかいうのがあって、これが付着して痒いんだっけな。抜け落ちやすいので、通ったところにも残る可能性が高い。残った毒針毛（どくしんもう）に触れても、もちろん痒い。

そのベランダの手すり、布団干すとこなんですけど。

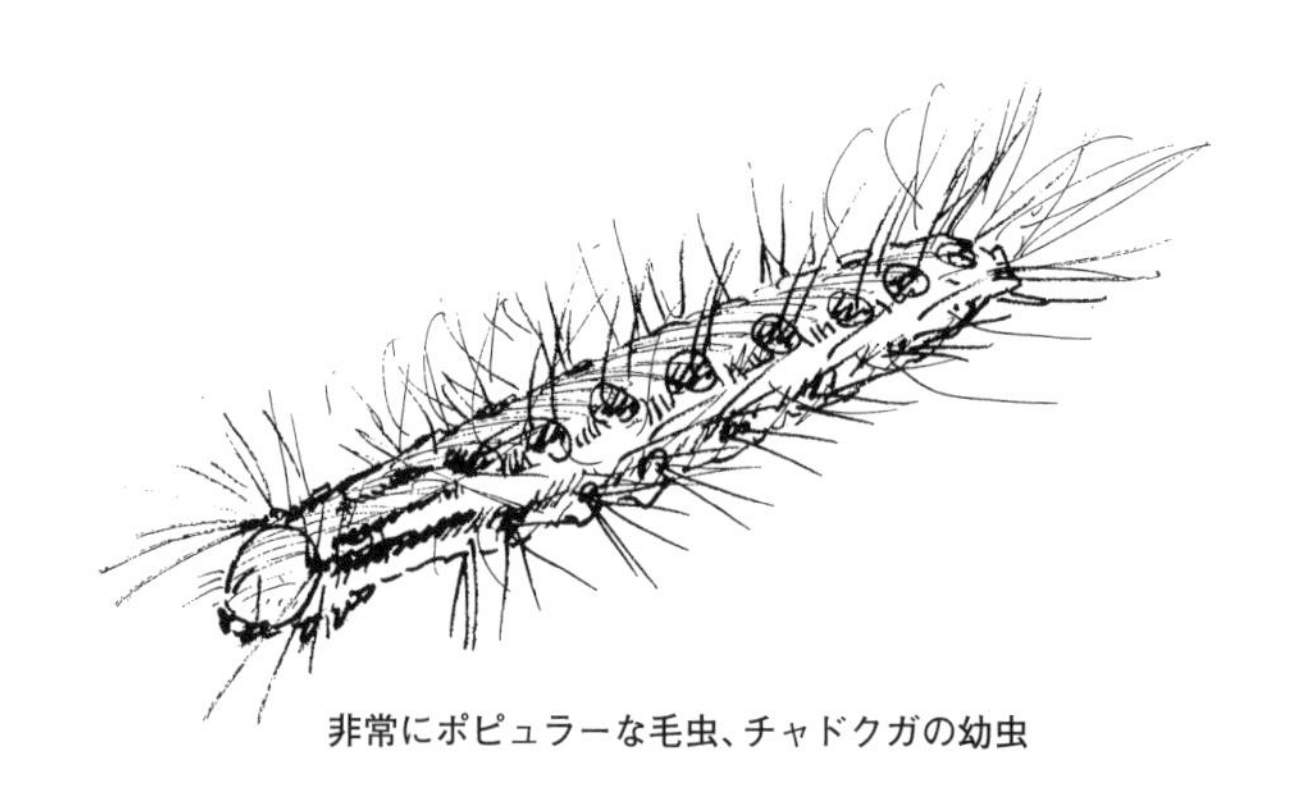

非常にポピュラーな毛虫、チャドクガの幼虫

私は急いでバケツに水を汲み、手すりから始めてベランダ全体を洗い流した。

洗濯機は無事に届いて設置されたが、以後数日、なんだか体が痒(かゆ)い気がしたのは気のせいだっただろうか。

そいつぁこんな顔で？

漫画などと違い実際のカラスは主に黒っぽいクチバシをしています。

我が故郷は緑なりき

あとがきにかえて

バスのステップから飛び降りると、蕎麦屋の厨房から流れる生暖かい排水と微かなドブの臭い。それが、子供の頃の「いつものバス停」の風景だった。表具店、公衆電話があってお婆ちゃんが店番しているタバコ屋、いつもツバメの巣がある家、八百屋さん、曲がり角の大きな石、フキの生えている土塀、歯医者さん……さあ、ここからだ。

社宅か官舎のような、長屋っぽい建物の前に植えられたカラタチ。このトゲトゲした灌木の間には当然、あれがいる。そう、アゲハチョウの幼虫が。つっくとオレンジ色の角をにゅーっと伸ばす、面白い奴だ。ちょっと独特の臭いがして、くさいという友達もいたが、私は別にくさいとは思わなかった。

その先、道が曲がる辺りから、道路に沿った水路が面白くなる。コンクリートで固められた排水溝ではなく、周囲は石垣で草が生えている。水底も砂と砂利だ。ちょっと行くと石橋が渡してあって、その向こうは低い土塀に囲まれた田んぼだ。これを横目に見ながら、石橋のあたりの水路を覗きこむ。水路といっても幅は60センチほど、所々に岩があって落差があり、こういうところは「滝壺」ができていて、岩の下のえぐれた所には、必ずサワガニだかドジョウだかヨシノボリだかがいた。水中の石垣の隙間には大きなハサミを振りかざすマッカチン、つまり真っ赤っかのアメリカザリガニがいたりした。マッカチンは挟まれると痛いが、手を上から近づけると「どうだ！　これでもか！」とハサミを振り上げた挙げ句、反り返りすぎて後ろにパタンとコケる。じたばたしながら起き上がって来るのを、ヒョイと捕まえるのがコツだった。後ろの方から胸あたりを親指と人差し指でつまめば、もうハサミは届かない。振り上げたハサミを両方同時に、３本の指で挟んで捕まえるのもカッコイイが、失敗したら痛い目にあう。

幼稚園から小学校の頃、ここらで捕まえたザリガニを衣装ケースで飼っていたこともあった。入れ物が大きいからと調子に乗ってザリガニを入れすぎて、だいぶかわいそうなことになってしまった記憶がある。彼らは喧嘩っぱやいし、共食いもするので、あまり密度が高いとロクな

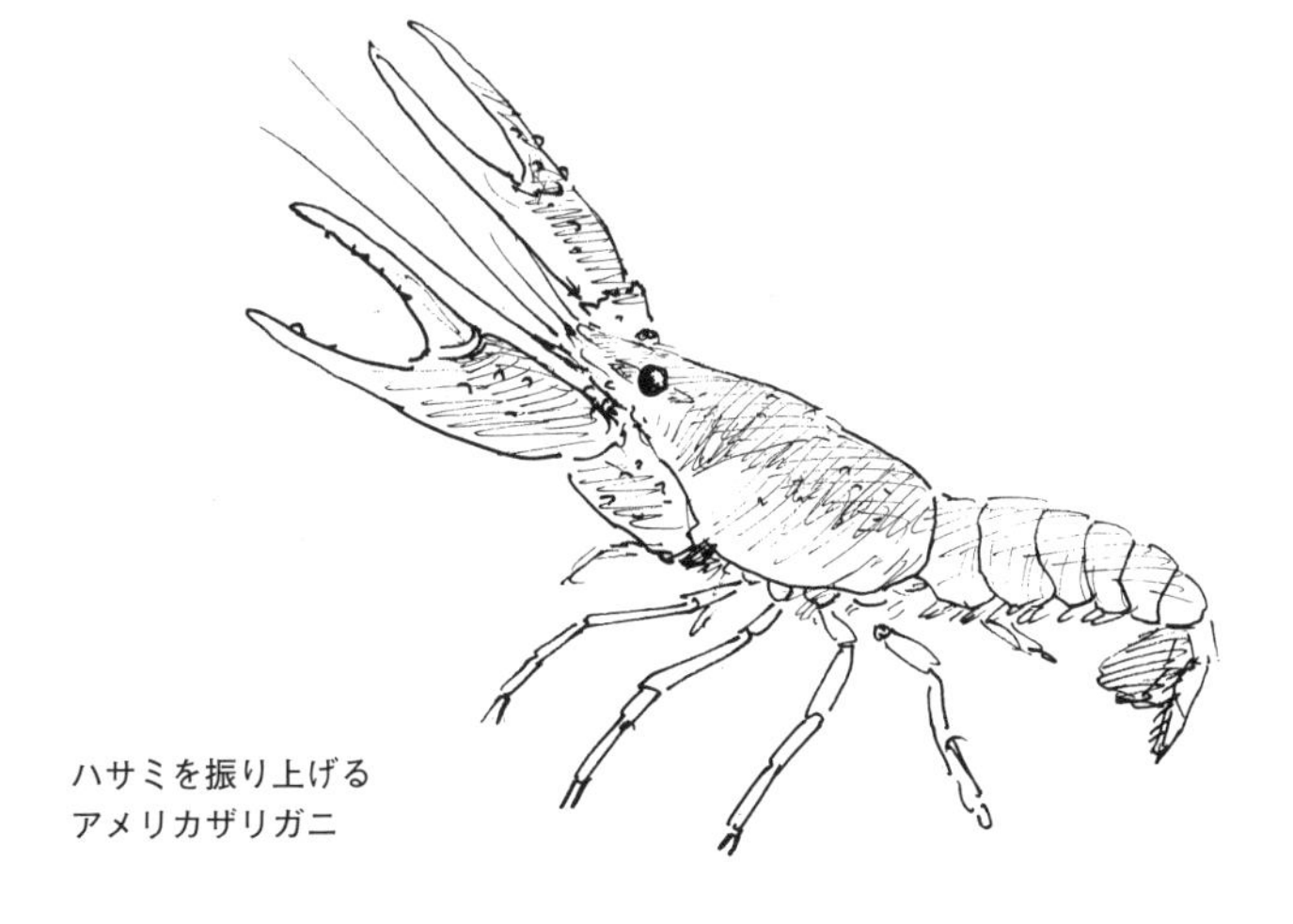

ハサミを振り上げる
アメリカザリガニ

ことにならない。
　だが、小さな子供にとっては恰好の遊び相手でもあった。脱皮直後のブヨンとしたザリガニを掴んでしまった気持ち悪さや、腹の下に子供を抱えた雌ザリガニのゾワゾワする姿も、そんな中で経験したのだった。ヒョイと捕まえたザリガニを裏返すと、腹の下に小さなザリガニがびっしり。ポロッと落としそうになるが、同時に、「生き物が子供を守る姿」を目の当たりにすることでもある。

　ここから三つ角を曲がって坂を登って行くと、セミの鳴く小さな神社だ。石垣にはトカゲやクモがいるし、神社の境内に上がるとジグモもたくさんいる。神社の前のちょっと広くなったところはアカマツに囲まれ、恰好のセミ捕り場でもあった。この頃よくいたのはアブラゼミとニイニイゼミとクマゼミで、もう少し山に行けばミンミンゼミもいた。神社の中を通るたびに、周囲の樹木から降り注ぐ「シャアアアアア！」というクマゼミの超音波攻撃を食らうのも、毎日のことだった。

　神社とお寺の目の前、民宿の前に埴輪が置いてある。本物ではなくそれらしく作ったレプリカなのだろうが、子供をおぶった母親の姿だ。この、通称「埴輪屋さん」を抜けると、景色が一変する。

　目の前には水田が広がり、向こうには春日奥山が連なる。溜め池の土手の手前に並ぶ何軒かの家。そこが私の実家だった。ここに出た瞬間、夏でも山からの風がスッと通り、山里の気配を運んで来る。私が物心ついた頃、ここから先は舗装されていなかったし、タクシーも道が悪いのを嫌がって入ってくれない事があった。ここは母方が祖父の代に引っ越して来た場所で、たまたま田んぼの一角が売り地になっていたらしい。「ここがいい」と主張したのは祖母だったそうだ。母親は今も、「あれはお母ちゃんにしちゃエエ勘やった」と笑う。

ここから家までは、さっさと歩けば2分。だが、そんな勿体ないことができるわけもない。この先は石垣だらけ、田んぼだらけなのだ。

カマキリ。バッタ。テントウムシ。コガネムシ。見つけたらつい捕まえたくなる虫はいくらでもいた。道端の草むらの間をカナヘビやトカゲが走る。黒くて黄色いラインが入り、尻尾が虹色なのはトカゲの子供だ。成長するとテラテラと艶のある、薄茶色と赤茶色のツートーンになる。カナヘビは艶のない枯れ草色、トカゲよりもっとメリハリのある体型で、尻尾がうんと長くて素早い。どちらも捕まえるのは難しいが、うまく捕れればうれしい相手だ。特にカナヘビは小さな恐竜みたいでカッコいい。

石垣にはヘビがいることもよくある。だいたいヤマカガシかシマヘビだが、アオダイショウがいることもあった。田んぼの畦道（あぜみち）もヘビがたくさんいて、水路回りならヒバカリが姿を見せることもあった。夏ともなれば毎日のように歩き回って、ヘビを探した場所だ。もちろん、捕まえて眺めるためである。眺めたらあとは逃がす。

　この辺りは私の「ナワバリ」だ。水路の落ちこみの岩一つ、石垣の隙間の穴一つまで、頭に叩（たた）きこんである。この穴は前にヤマカガシがいたとこ、こっちはでっかいヨシノボリがいたとこ。ここはシマヘビが交尾してたとこ。ここはムカデに飛びかかられたとこ。こっちはショックン（食用ガエルの略、ウシガエルのこと）がいたとこ。

　初夏になると、水路にはホタルが姿を見せる。ここらの用水路は谷川から水を引いているので、ホタルが一緒に流れて来るからだ。

　時折、父親が帰って来るなり灯りを消して、「おみやげや」と言いながらニヤリと笑って、右手の拳を見せることがあった。その、握った指の隙間から、青い光が明滅しているのが見えた。帰り道でホタルを捕まえて来たのだ。ひとしきり眺めた後は、真っ暗な田んぼに向かって放した。

　水田の上はトンボの宝庫だ。シオカラトンボ、コシアキトンボ、ギンヤンマ、コシボソヤンマ、ウチワヤンマ……夏休みの庭先はオニヤンマの巡回コースになっていることもあった。毎朝、決まった時間に、開けっ放してある窓からオニヤンマが部屋に入って来て、一回りするとまた出て行く。捕虫網をふるって捕まえることもあったが、オニヤンマはちょっと手強い。トゲのような固い毛の生えた足は触ると痛いほどだし、怒ってガジガジと噛まれるとこれまた痛い。

家を通り越すと、ススキとセイタカアワダチソウの生い茂る、溜め池の土手。「ピュルルルーーーー」と声を響かせるのは、水面を泳いでいるカイツブリだ。

土手の上はよく通ったが、池そのものはなかなか近寄り難く、身近なのに謎めいたスポットだった。池にはニシキゴイが泳いでいるのも見えたが、置いてある立て札によると、どうやら獲ってはいけないらしかった。「このいけのさかなをとたものは、けさつえでんわする」と書いてあったからである。

もっとも、こっそり水路を辿って水際まで潜りこみ、

決まった時間に部屋を
パトロールするオニヤンマ

魚を狙ったことはあった。いや、コイ泥棒ではない。秋、この池の水を放水した時にだけ水路に姿を見せることのある、謎のハゼ科魚類の正体が知りたかったのだ。水路にいくらでもいる小さなハゼ（多分カワヨシノボリ）とはまったく違って見える魚だった。全長10センチはあり、下顎を突き出したふてぶてしい面構えと、掴んだ時に微かにざらつくウロコの持ち主だった。

滅多に見られないこいつが、溜め池に封じこめられて大きく育ったカワヨシノボリなのか、全く違う種類なのか、一度釣って確かめたかったのである。そのために針金を曲げて焼き入れして先を尖らせて、専用の小さな針を作るところからやった。結局何一つ釣れなかったが。

溜め池の向こうは田んぼ。谷川の方に行くと、休耕田もあって、よくキジを見かけた。「ケーン！　ケーン！」と鳴きながら羽音を響かせて雄が派手に飛び立ち、その後で、こっそりと反対方向に雌が飛ぶのも見た。草むら

水路にいくらでもいたカワヨシノボリ

からピョコンとキジの顔が覗いているのも、時々見かけた。初めてミヤマホオジロを見たのもこの辺りだったか、谷川の向こうだったか。

田んぼにはいろんな生き物がいた。水底の泥を蹴立てて、小さな航跡を残しながら逃げ散って行くのはカブトエビだ。水面にはアメンボが泳ぎ、よく見ると水面の「裏側」にぶら下がったようなマツモムシもいた。マツモムシは水面直下に逆さまに浮いていて、オールのような長い後肢を操ってスイスイと泳ぐ。その横、一見すると透明な魚みたいなのはホウネンエビ。平たくて薄べったいムシたちはゲンゴロウの仲間。ガムシやコオイムシだって普通にいた。水底をもぞもぞしている漆黒の音符みたいなのはもちろん、オタマジャクシだ。時には田んぼの隅に、ゼリー状のニュルニュルに包まれたカエルの卵を見つけることもあった。そっと触れてみたこともあったが、ぬるま湯のように生暖かくなった浅い水中のニュルンとした手触りはちょっと気持ち悪かった。

そう、カエルなんて、いくらでもいた。トノサマガエルが一番多かったが、灰褐色で顔が尖って背中に隆起線の並ぶツチガエル、ツチガエルに似ているがもっと丸っこいヌマガエルもいた。水田の中を様々な大きさのカエルが泳ぎ、イネの根元から、ウキクサをくっつけたままの頭をヒョイと覗かせていた。水面から顔を出し

いくらでもいたトノサマガエル

て浮いたカエルの、脱力した前足と素っ頓狂な顔は今も大好きだ。

夜になるとカエルの大合唱。家の回りは全て水田なので、全方位からカエルの声が届く。「銀の笛」という童謡と共に、今もあのカエルの合唱を思い出すのだが、考えてみたら「ころろころろ　ころろころろころろ鳴る笛は」などという生易しいものではなかった。カッカッカッケロケロキュウキュウククワクワと重なり合い、競い合って鳴り響いて、どうかするとテレビの音も聞こえない。夜、電話をしても相手の声が聞こえない。そこに溜め池に住むウシガエルの「モー！　モー！」という重低音が混じる。

庭先にもアマガエルがたくさんいた。夏の夕方、母親がキュウリの酢の物を作ろうと包丁を使いだすと、「トントントントン……」とキュウリを刻むリズミカルな音に合わせて、窓の外で「カッカッカッカッ」とアマガエルが鳴くのだった。あの頃は酢の物なんておいしいと思わなかったが、今は「とりあえずキュウリの酢の物でも作るか」というくらいには好きである。作りながら、実家の台所に立っていた母親の後ろ姿や、食卓の角の「定位置」に座って水割りを飲んでいた父親の姿も思い出す。ちなみに、全然覚えていないのだが、私が料理の真似をしたがるものだから小さなまな板とペティナイフとキュウリを一本もらい、母親の足下で床に座りこんでキュウリを乱切りにして遊んでいたこともあったらしい。

私が高校に上がった頃、溜め池は埋め立てられて跡形もなくなり、付近の水田と共に整地されて学校になった。家の周囲の水路は全てコンクリートで固められた。そのついでに、谷川も丁寧に護岸された。残った水田もやがて水を抜かれて野菜畑になり、貸し農園になり、なし崩しに分譲されて住宅地と資材置き場になりつつある。刈り跡でヒキガエルとドブネズミの壮絶な一騎打ちを見た田んぼには、最近、老人ホームが建った。細々と生き残っていた水路のホタルたちが「防犯用に特別明るいのを付けてもらった！」と町内会長が自慢する街灯にトドメを刺されたのは20年ほど前だ。ホタルは光を使って雌雄（しゆう）が呼び合うから、回りが明るいと繁殖できない。

石垣もなくカエルもいない場所にはヘビだって住めるはずがない。最近、あまりヘビのいる季節に帰省していないが、帰省したってもうヘビになんか出会わないだろう。ま、それでも家に野ネズミ（ハツカネズミかヒメネズミのどちらか）が住み着いた時には、どこからかアオダイショウも現れて、部屋の真ん中でとぐろを巻いていたが……それも15年も前のことだ。今はわからない。

帰り道のカラタチが消えて車寄せになり、アゲハチョウを見ることも減った。古い家々も建て替えられ、ツバメの巣も減った。カラスの捕食のせいなんかではない。カラスの数はむしろ減っている。田んぼもない場所にはツバメの巣の材料になる泥がないし、最近の「汚れに強い」壁面はツバメの巣材である泥も付着させにくいはずだ。ツバメの餌となる昆虫もいない。

この道は「山の辺の道」、奈良時代以前から残る古道の一部だ。だが、一体誰が、飛鳥時代の昔に思いを馳せることができるだろう？　たった40年前の面影さえも失ってしまった場所に？　ツバメもトンボも飛ばず、カエルも鳴かない地のどこを「やまとは国のまほろば」などと呼べるのだろう？　一体ここはどこなのだ？

帰省するたび、自分が帰るべきところを半分くらい失ったような、そんな思いにとらわれる。

イソップのアレ

カラスは肉から果物までさまざまなものを食べます。

カバーイラストの動物名は、カバーを外した本体表紙に記載しています

松原 始（まつばら・はじめ）

動物行動学者。1969年奈良県生まれ。奈良公園に近い山裾で育ち、さまざまな生き物と出会う。小中高と動物好きで通し、そのまま大学で生物学を志して屋久島でサルを眺めるも、カラスに転向。京都大学理学部卒業。同大学院理学研究科博士課程修了。京都大学理学博士。専門はカラスの生態と行動。東京大学総合研究博物館特任准教授。著書に『カラスの教科書』（講談社文庫）、『カラスの補習授業』（雷鳥社）、『カラスと京都』（旅するミシン店）、『カラス屋の双眼鏡』（ハルキ文庫）、『にっぽんのカラス』（カンゼン）がある。本書では研究者になる前の、山の中で遊んで転んで覚えた生き物とのあれこれを記した。

本文イラスト　松原 始
装画・4コマ漫画　いずもり・よう
ブックデザイン　相馬章宏（Concorde Graphics）
企画・編集協力　佐藤 暁（アマナ／ネイチャー&サイエンス）
編集　村上 清（太田出版）

カラス先生のはじめてのいきもの観察

2018年6月20日第1版第1刷発行

著者　松原 始
発行人　岡 聡
発行所　株式会社太田出版
〒160-8571
東京都新宿区愛住町22　第3山田ビル4F
電話03(3359)6262
振替00120-6-162166
http://www.ohtabooks.com
印刷・製本　中央精版印刷株式会社

ISBN 978-4-7783-1631-0　C0095

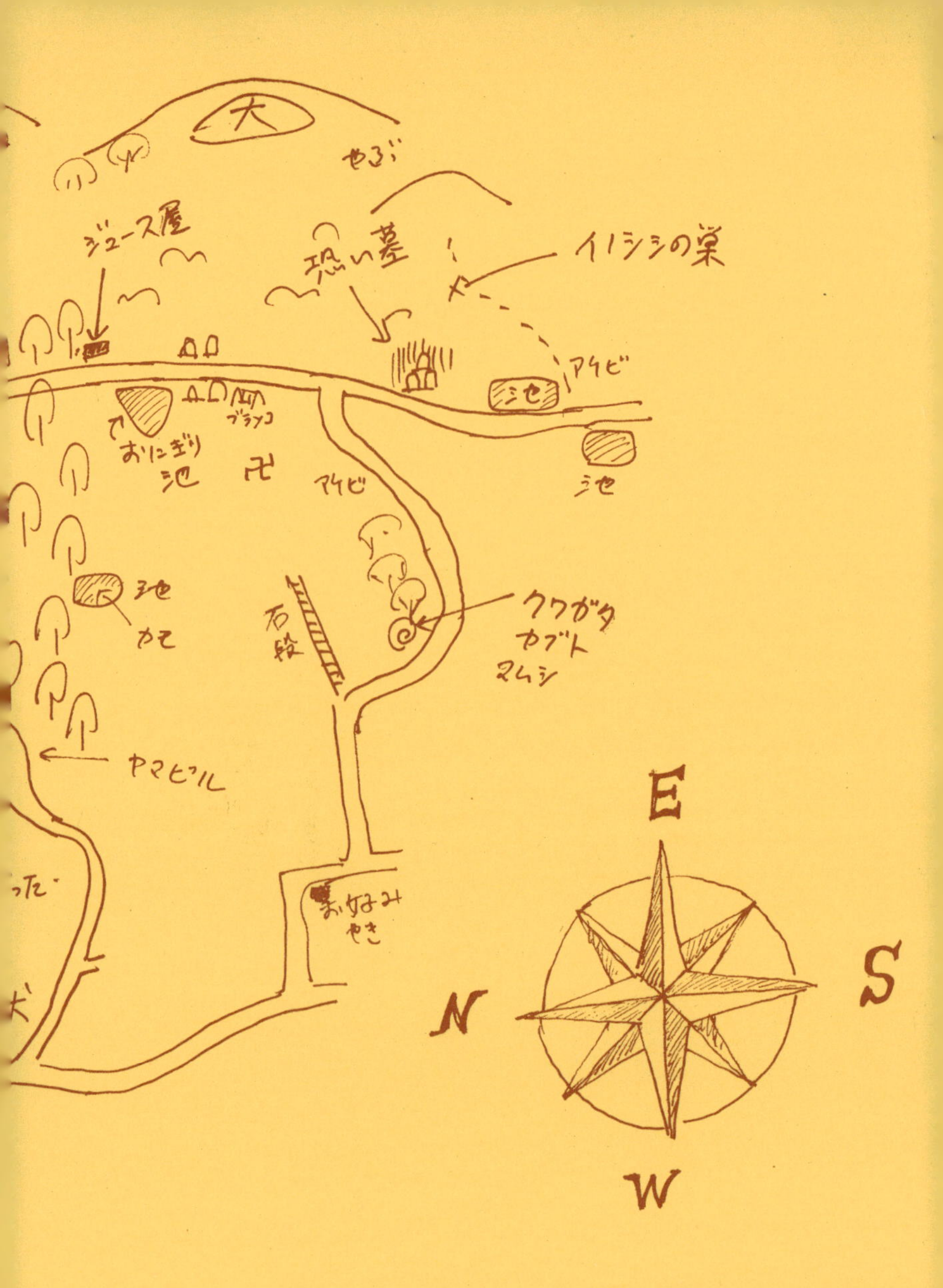

著者が少年時代を過ごした自宅の裏山とその周辺。さまざまな野生動物と出会ったこの半径1.5キロメートルほどのささやかな範囲が、なんでも教えてくれる冒険の世界だった　（絵地図：著者自筆）